北京林业大学建设世界一流学科和特色发展引导专项基金资助（风景园林学）

向景而立

北京林业大学园林学院
风景园林建筑设计
优秀作业选 2007-2018

主　编：董　璁　郦大方　郑小东　赵　辉
副主编：段　威　王　朋　曾洪立　任莅棣
　　　　秦　岩　刘利刚　赵　鸣　韦诗誉

中国建筑工业出版社

图书在版编目（CIP）数据

向景而立：北京林业大学园林学院风景园林建筑设计优秀
作业选：2007-2018／董璁等主编. —北京：中国建筑工业
出版社，2020.4
ISBN 978-7-112-24841-4

Ⅰ. ①向… Ⅱ. ①董… Ⅲ. ①园林建筑－园林设计－作
品集－中国－现代 Ⅳ. ①TU986.4

中国版本图书馆CIP数据核字（2020）第024654号

责任编辑：张 明 徐晓飞
责任校对：赵昕雨

北京林业大学建设世界一流学科和特色发展引导专项基金资助（风景园林学）

向景而立

北京林业大学园林学院风景园林建筑设计优秀作业选2007-2018
主 编：董 璁 郦大方 郑小东 赵 辉
副主编：段 威 王 朋 曾洪立 任莅棣
秦 岩 刘利刚 赵 鸣 韦诗誉
*
中国建筑工业出版社出版、发行（北京海淀三里河路9号）
各地新华书店、建筑书店经销
北京锋尚制版有限公司制版
北京富诚彩色印刷有限公司印刷
*
开本：880×1230毫米 1/16 印张：7¾ 字数：254千字
2020年7月第一版 2020年7月第一次印刷
定价：90.00元
ISBN 978-7-112-24841-4
（35358）

序一

　　风景园林学和建筑学作为两个学科，存在各自专业研究的重点和方法，但均是以创造良好人类聚居环境为根本目标，二者在很多方面上互为依存，是人居环境研究的两大支柱。北京林业大学园林学院的园林专业在成立之初的教学组织中对风景园林建筑设计抱持重视态度，强调风景园林学与建筑学的融合。

　　风景园林建筑是中国传统园林的重要组成部分。《园冶》开篇即言："凡园圃立基，定厅堂为主"。在中国传统园林之中建筑占有重要分量。"家居必论、野筑唯因"是《园冶·屋宇》中的一句话，指明了风景建筑的实质和要义。风景园林专业初创时期对于中国古典园林的重视，决定了建筑教学中以师法中国古建为主的教学特征。

　　1990年代中期后，随着风景园林专业和建筑学专业的研究的深入，教师们开始积极探索风景园林建筑新的教学方式和教学内容：（1）风景园林建筑设计课定位方面，作为风景园林专业的设计课之一，教学中不是以教授学生进行园林中的建筑设计为目标，更重要的是培养学生对设计的兴趣，帮助学生建立设计的概念和设计逻辑，训练对设计所面临的诸如场地、空间、材料、功能等要素的理解及彼此互动所带来的问题的处理，使学生初步掌握学习设计和提升设计能力的方法，推进风景园林设计的学习。（2）吸收近年来建筑学教学教改的经验和方法，教学内容上强化对建筑内部空间体系、内外空间的交融和互动、建构等问题的关注，强调建筑所处环境对建筑的影响和制约，同时新建建筑重塑场地功能、空间、交通、景观和社会生活的可能性。教学方法上突出每一个课题和每一次上课中的教学目标和教学问题，采取单元式教学方法进行重点训练。在教学设计中，从过去以设计结果为目标，转向对设计过程的重视，加强分析问题的能力和逻辑思考能力的培养。在教学互动中，在传统上以改图为主的教学方式基础上，更重视与学生在训练目标、训练意图的沟通。（3）教学中打破过去传统和现代、中国与西方、官方和乡土的分割，通过理论讲授、案例分析和设计操作，探讨设计成果的形成的原因，思考不同设计之间存在的共同的问题，以及差异性形成的原因，研究各个案例的关注点，寻找设计产生发展的过程。

　　教学集收录的作业，展示了三个方向的训练内容：建筑空间构成原理、园林建筑空间组合原理、综合建筑设计。

　　第一部分是建筑空间构成原理，主要训练学生空间感知能力、空间想象力和空间思维能力，从抽象——体块、板片、构件，材料——质感、色彩、透明，建造——构件、层次、连接入手，以实体模型为手段，通过要素的操作、空间的观察、材料的感知、建造的逻辑，逐步掌握空间构成的基本原理。

　　第二部分是园林建筑空间组合原理，以中国传统园林为主要研究对象，通过中西园林的历史演变与相互对比，研究中国传统园林的章法及要素、类型与结构，探索景观总感受量、导线、时间、变化强度四个变量的相互关系，通过课堂讲授、实地观摩结合课程设计，掌握园林建筑空间组合的基本原理与方法。

　　第三部分是综合建筑设计，以前两个部分——空间构成和空间组合的训练为基础，注重内部的功能流线、外部的形体组织、环境的场所精神、建构的逻辑生成等问题。功能流线是规划、建筑、风景园林三个专业处理功能流线问题的共同方法，采用先整体后局部、从大到小、逐级拆分功能分区的系统方法。按照场地分析、功能分区、房间布局、交通分析、卫生间配置、结构安排、平面生成七个步骤，前面分析的结论是后续分析的前提，通过严谨的理性推理得到最终平面。外部的形体组织与内部的房间布局相互影响，应统一考虑，通过环境、功能、形体、材料、构造、文化等方面综合分析，培养学生综合权衡的能力。先从略为简单的小住宅、茶室入手，再较为复杂的游客中心、校园建筑等，所有建筑类型均对场地环境设计了独特的条件，对景观组织提出了独特的要求，以体现园林建筑空间组合的特点。

北京林业大学园林学院　教授　院长

序二

　　这是一本风景园林/园林专业学生的建筑设计作业集，其中隐含着一个跨界问题：专业是风景园林/园林，课程却是建筑学专业的老本行建筑设计，这相当于学文学的多学了一点历史，或是学化学的多学了一点物理，似有越界之嫌。不过既然文科中早有"文史不分家"的说法，而"物理化学"也是真实存在的二级学科，那么风景园林/园林专业学一点建筑设计也就并不奇怪。现行《普通高等学校本科专业目录（2012年）》中将风景园林专业归入工学门类下的"建筑类"，与建筑学和城乡规划专业并列，表明三者之间具有内在的相关性：它们所从事的都是人居环境营建工作，区别在于不同的工作层次和对象，规划负责全局统筹，建筑负责房屋设计，风景园林负责除房屋以外的环境设计。

　　人类自新石器时代转向定居，从而开始主动进行环境建设以后，房屋建筑曾长期占据人居环境的主角地位。盖房子是实现定居的优先事项，它不仅需要耗费更大的人力物力，而且需要专门的工程技术，因此理所当然地最先发展出建筑学。相对而言，户外环境就处于从属地位，除园艺技巧外，也无需特别的专业技术。不管东方还是西方，近代以前的总体规划和景观设计往往是由建筑师代办的，如著名的"样式雷"家族，作为有清一代的皇家御用建筑师，其工作范围不限于宫殿、陵寝等建筑工程，也包括皇家苑囿，北京三山五园、承德避暑山庄都是由他们负责规划设计的。

　　意大利文艺复兴花园的设计师也多半是些建筑师，如以制定柱式规则闻名的维尼奥拉，著名的兰特庄园即出自其手。生活年代与"样式雷"先祖雷发达（1619-1693）几乎同时的安德烈·勒诺特（1613-1700）被认为是西方最早的专职风景园林规划设计师，其职业身份标志着风景园林规划设计独立于建筑学的开始。当时的分工是由勒诺特领衔，负责总体规划和景观设计，建筑师勒沃（去世后由小孟萨接替）负责建筑设计，画家勒布伦负责室内设计。三人在沃-勒-维贡初次合作，后来一起成为路易十四的御用设计师，合作完成了凡尔赛等王室宫苑设计。勒诺特虽出身于园丁世家，但在年轻时曾跟随老孟萨学过几年建筑设计和透视学，也许正是这段学习经历才使其能够超越家传祖业，由莳花种树的园丁转型成为掌控全局的风景园林规划设计师。

　　如果说勒诺特的整形式景观设计代表的是风景园林"建筑化"的极致，那么18世纪的英国风景式园林就是对自然风景的艺术性再现，到后来几乎完全看不到"建筑化"的痕迹了。尽管如此，其代表人物依然无法逃脱建筑学背景。威廉·肯特的身份首先是建筑师，然后才是画家和造园师。即使是造园风格远比肯特更为自然的"能人布朗"，据雷普顿所言，也将自己视为"建筑师"（雷普顿，1803），设计过不少贵族府邸和园林建筑。雷普顿说布朗作为建筑师的名声被他造园师的大名给掩盖了，他设计的那些建筑"从舒适、便利、品味和专业性上讲，不逊色于任何人。"雷普顿在书中言及此事所用的章节标题是"建筑学与造园学密不可分"（Architecture and Gardening Inseparable），可见当时两个专业联系何其紧密，一专多能者大有人在。

　　以上所举，不难看出历史上的风景园林规划设计与建筑设计尽管工作对象不同，但在某些基础性的理论和方法上饶有共通之处，以至于在从业身份上也存在出此入彼，甚至身兼二职的可能。打个未必恰当的比方，园艺学和建筑学就像是风景园林/园林专业的双亲，后者的遗传物质主要来源于前两者。这一点从北京林业大学风景园林/园林专业的来历上也可以看得出来，其前身是原北京农业大学（现中国农业大学）园艺系和清华大学营建系于 1951 年联合成立的"造园组"。据陈有民先生回忆，事情的起因是"1951 年春，当时在北京市都市规划委员会工作的梁思成先生深感园林方面缺乏人才，就与（农大）汪菊渊先生商量，由农大和清华'两个鸡孵一个蛋'，共同培养造园人才。于是教育部下文由北农大试办造园组，汪先生与清华大学营建系谈好合作两年……从农大园艺系二年级学生中选出 10 名学生，去清华学习两年。"（陈有民，2002）"两个鸡孵一个蛋"，听上去也许不够雅驯，但却形象地说明了这个专业的由来。造园组入驻清华的目的是借助营建系的师资和课程，使学生在原来园艺专业的基础上，进一步接受较为完整的建筑学专业教育，从而具备造园专业所需的知识和技能。清华营建系为造园组学生开设了绘画、投影几何、制图（设计初步）、城市规划、市镇建设、测量、营造学、中国建筑等课程。1953 年造园组因清华院系调整返回农大以后，建筑和美术类课程仍由清华派人授课。

1956 年，原农大造园专业调整至北京林学院（现北京林业大学）造林系，更名为城市及居民区绿化专业，次年单独建系。在 60 多年的发展历程中，不管院系结构如何调整，专业名称如何变化，建筑设计及其相关课程在该专业的教学计划中始终占有十分突出的地位，建筑教师也拥有独立的教研室和建筑学一级学科硕士学位授权点。除建筑设计课外，建筑教研室还为风景园林 / 园林 / 城乡规划专业开设了中国建筑史、外国建筑史、建筑结构与构造、建筑技术概论、建筑空间构成、中国古建筑等课程，形成了基本完备的建筑教学板块。就课程设计选题来说，从早期的园林建筑小品，到现在的中小型风景建筑，以至涵盖多个专业内容的城市设计项目，课题类型有了极大的拓展。

从北京林业大学园林学院毕业的学生具有相对全面的知识结构和比较扎实的专业技能，从系统规划到专项设计，从植物材料到硬质景观，都有对应课程进行板块式教学，故没有明显短板，毕业后能够迅速适应用人单位的不同需要和不断变化的行业趋势。之所以能够做到这一点，有赖于齐全的师资队伍和完备的课程体系，其中自然也离不开建筑教学的贡献。归纳起来，建筑类课程在风景园林 / 园林专业人才培养中所起的作用体现在如下几个方面：从基础层面上说，培养了学生的空间思维和图形表达能力，这些能力是建筑学的基本功，对风景园林 / 园林专业同样重要；从专业层面上说，向学生阐明了"功能—形式"互相转化的概念和方法，传授了材料、结构、构造知识，并将建筑学一丝不苟的作风代入学习和工作，不仅有助于将来的跨专业沟通，也有利于养成严谨务实的职业习惯；从通识层面上说，通过对建筑历史和建筑艺术的介绍，提升了学生的文化修养和审美能力，使其能够超越狭隘的工科思维和专业局限，站在历史和全局的高度，思考人类建造活动的真实含义。

这本小册子是近 10 年来风景园林 / 园林专业学生的建筑设计优秀作业选，部分地呈现了北京林业大学园林学院建筑教研室同仁和学生们的劳动成果。在每年入学 300 名学生，建筑设计课师生比超过 1：30 的情况下，不大可能像一般建筑院校那样采取一对一的辅导方式，因此这些作业还显得有些粗糙，有些幼稚。尽管如此，大家的努力和付出是显而易见的，在此谨向教研室同仁表达诚挚的敬意。也欢迎读者多提宝贵意见，以利我们在今后的工作中加以改进。

北京林业大学园林学院　教授

目 录

茶室

教学（出题）思路

茶室是园林建筑课初期的代表性课题。虽然总面积相对较小，功能类型却代表着一种公共建筑的典型范式，规模与难度较适合初学者练习。同时，茶室的空间与功能又具有较大的灵活性和宽容度，对设计者发挥创意比较有利。此外结构的形式也可能成为一种活跃的因素对建筑形式产生影响。此处展示的作业即包括部分教师指导学生在结构设计的基础上发展而来的茶室空间。

训练目标

一、学习处理建筑内部的交通流程与功能关系，合理组织内外、动静、洁污分区。

二、理解人体活动对空间尺度的要求，准确把握尺度；由家具的具体排布决定空间大小与形状。

三、加深对建筑内部与外部环境空间的整体关系认识，提高建筑与景观环境的互动性。

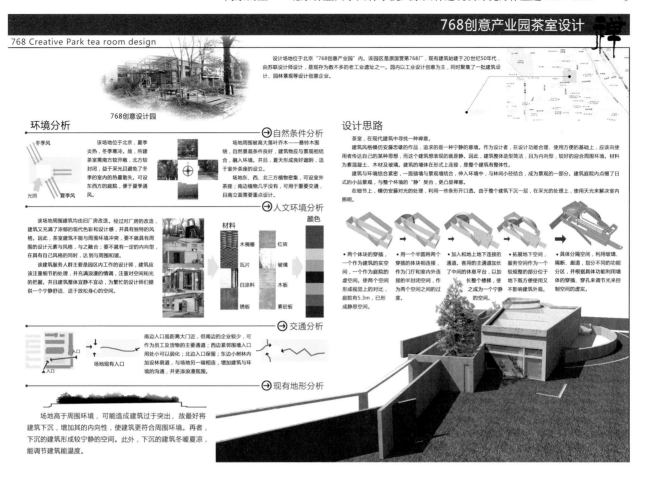

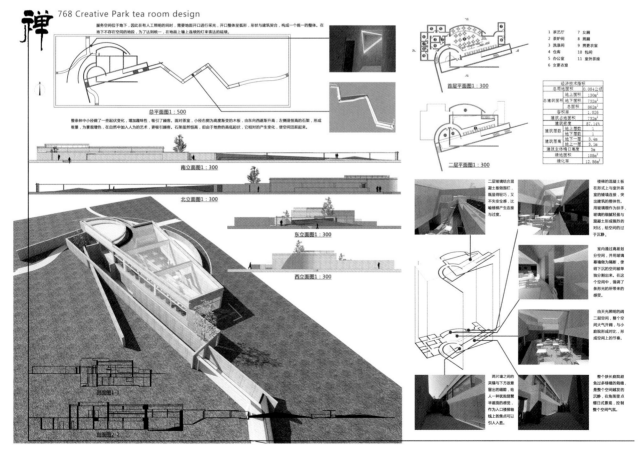

作品名称：禅

设计人：园林 10-1 刘芳菲   指导教师：秦岩

课程名称：园林建筑设计   作业完成日期：2013

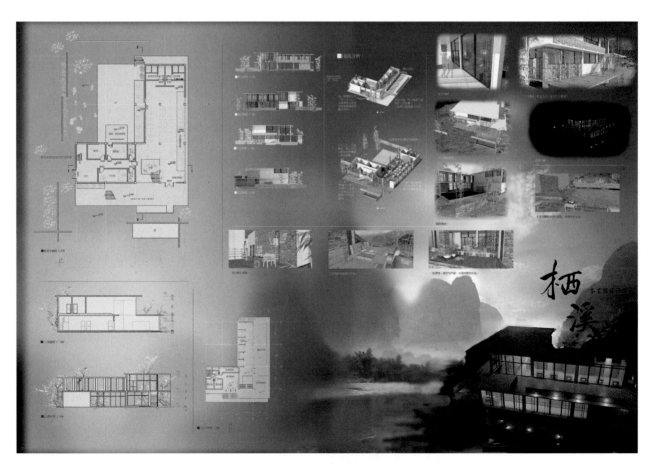

作品名称：栖溪茶艺馆设计

设计人：风园 13-4 奚秋慧   指导教师：秦岩

课程名称：园林建筑设计   作业完成日期：2015

作品名称：山林咖啡吧设计

设计人：风园 08-2 张云柯   指导教师：秦岩

课程名称：园林建筑设计   作业完成日期：2011

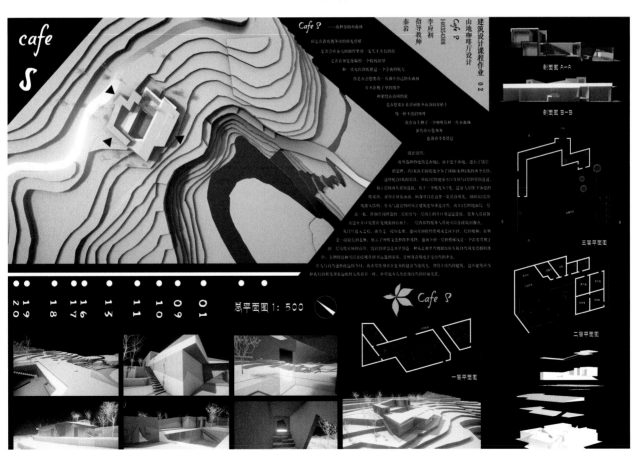

作品名称：cafe S

设计人：风园 14-4 李应初   指导教师：秦岩

课程名称：园林建筑设计   作业完成日期：2016

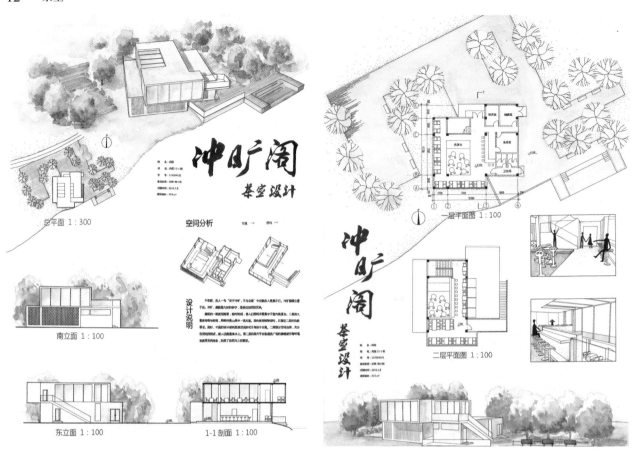

作品名称：冲旷阁——茶室设计

设计人：风园 11-1 闵冠　　　　指导教师：郑小东 王朋
课程名称：茶室设计　　　　作业完成日期：2013

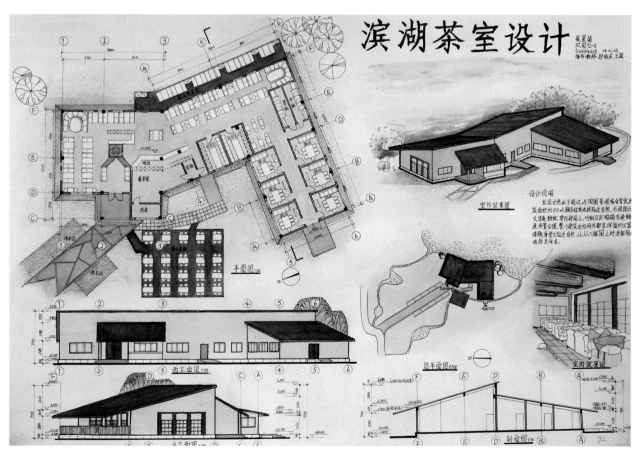

作品名称：滨湖茶室设计

设计人：风园 12-3 张晨笛　　　　指导教师：郑小东 王朋
课程名称：茶室设计　　　　作业完成日期：2014

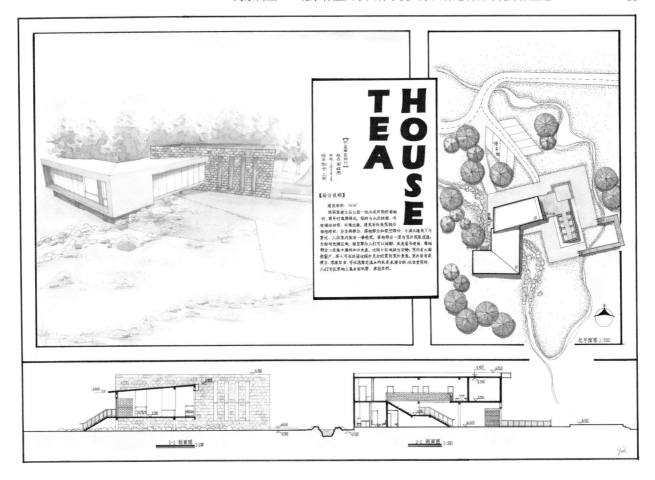

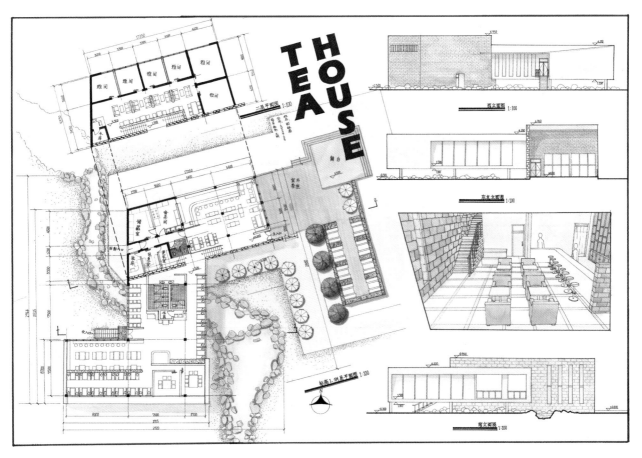

作品名称：TEA HOUSE

设计人：周娅茜　　　指导教师：郑小东　王朋

课程名称：茶室设计　　作业完成日期：2014

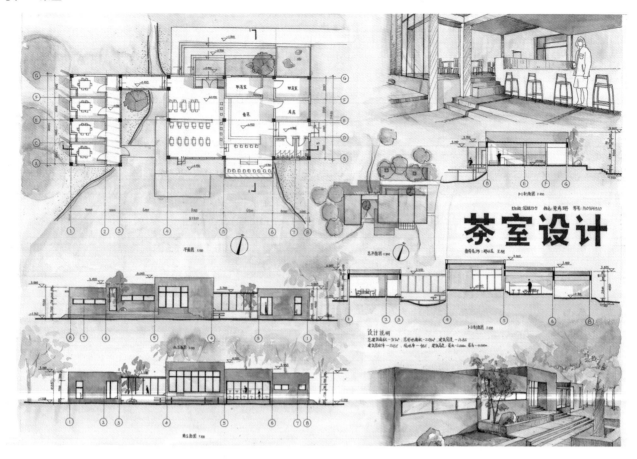

作品名称：茶室设计

设计人：园林 13-5 梁海珊　　指导教师：郑小东 王朋
课程名称：茶室设计　　　　　作业完成日期：2016

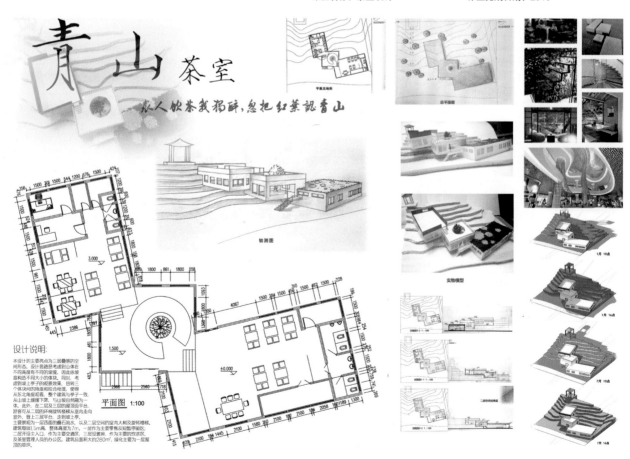

作品名称：香山茶室

设计人：施可人 卢珊 肖麟　　指导教师：任苍棣 赵辉
课程名称：香山茶室设计　　　作业完成日期：2017

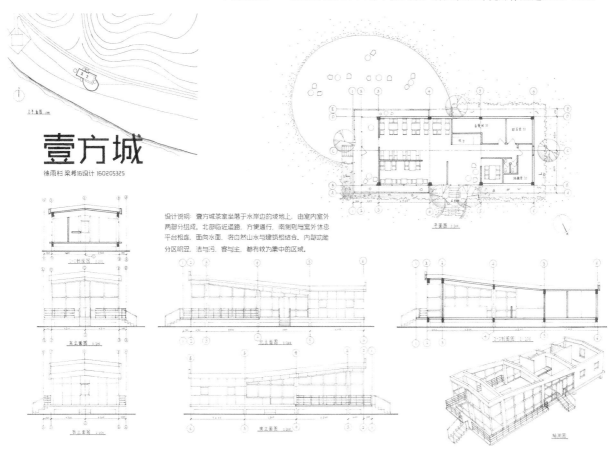

壹方城

徐雨杉 梁希16设计 16020S325

设计说明： 壹方城茶室坐落于水岸边的坡地上，由室内室外两部分组成。北部临近道路，方便通行，南侧则与室外休息平台相连，面向水面，将自然山水与建筑相结合。内部功能分区明显，洁与污、客与主，都有较为集中的区域。

作品名称：茶室设计

设计人：梁希 16 徐雨杉   指导教师：王朋

课程名称：园林建筑设计   作业完成日期：2018

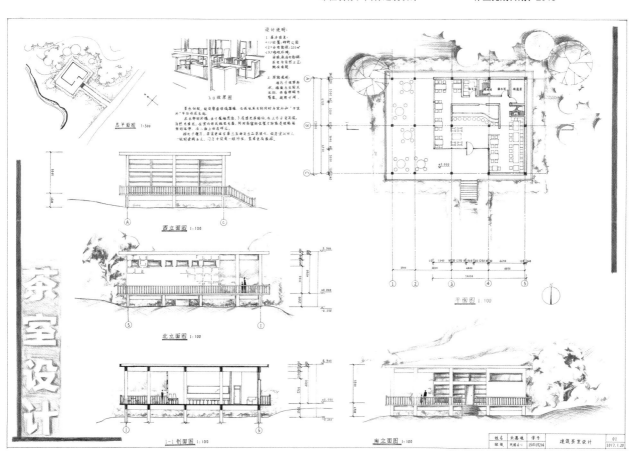

作品名称：茶室设计

设计人：风园 16-1 朱慕瑶   指导教师：王朋

课程名称：园林建筑设计   作业完成日期：2018

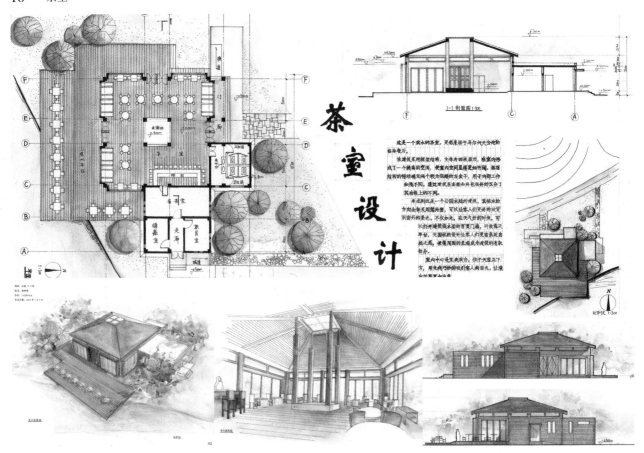

茶室设计

作品名称：茶室设计

设计人：风园 11-2 杨桦晔　　指导教师：郑小东 王朋
课程名称：香山茶室设计　　作业完成日期：2013

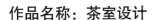

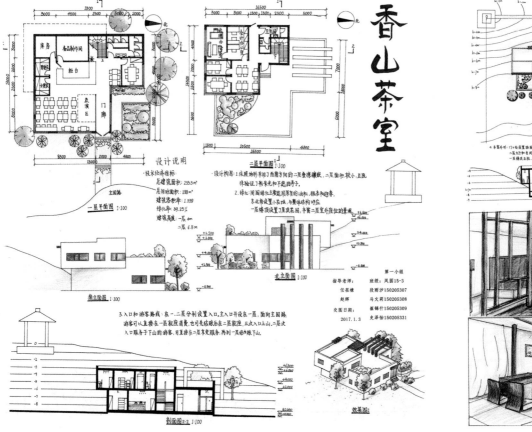

香山茶室

作品名称：青山茶室

设计人：风园 15-3 段雨汐 马文莉 崔锦什 史泽怡　　指导教师：任莅棣 赵辉
课程名称：香山茶室设计　　作业完成日期：2013

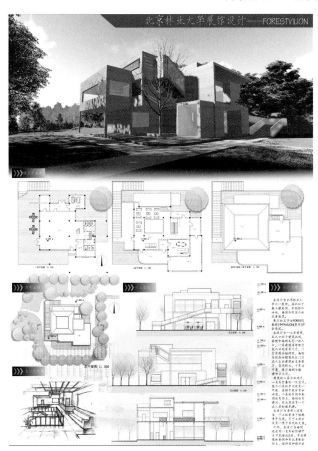

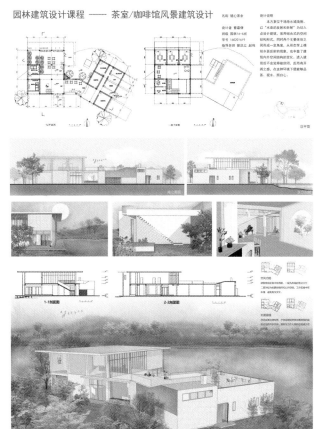

作品名称：
北京林业大学展馆设计

设计人：雷穆乔
指导教师：刘利刚 曾洪立
课程名称：园林建筑设计
作业完成时日期：2017

作品名称：
咖啡馆风景建筑设计

设计人：园林 16-6 曹嘉倩
指导教师：曾洪立 赵鸣
课程名称：园林建筑设计
作业完成日期：2019

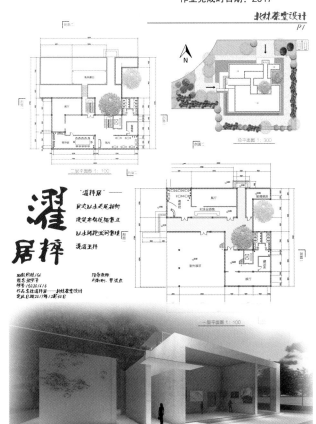

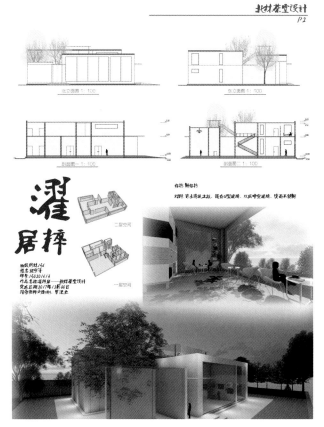

作品名称：濯 居 粹

设计人：园林 15-6 张宇泽   指导教师：刘利刚 曾洪立
课程名称：园林建筑设计   作业完成日期：2017

小型住宅设计

出题思路

时间、空间与建筑的联结，必须要把"人"当作核心才有可能。建筑师们自由地按照自己的想法和实际需求，来给自己和家人营造理想的居住空间。这样的房子，或许才是家最理想的样子。小型住宅这一题目非常适合作为建筑设计初学者的学生们，将与学生日常经历接触最多的住家作为设计对象，有利于在设计过程中激发学生日常经验和体验，促进对于建筑设计所面对问题的思考和理解。设计既需满足基本的生活需求，也留有自由发挥的余地。同时，通过对场地的设置，使学生进一步掌握风景园林建筑方案设计的基本处理手法与设计技巧。

训练目标

本题目作为最初的设计题目，在设计中通过对优秀案例的解读、运用，初步建立对设计过程的认知，学习设计方法。思考设计中所面临的场地、建筑功能、空间、造型、材料等问题。培养在学习过程中逐渐掌握利用草图、草模推进设计的方法，学会使用适合的工具推敲设计、表达设计。

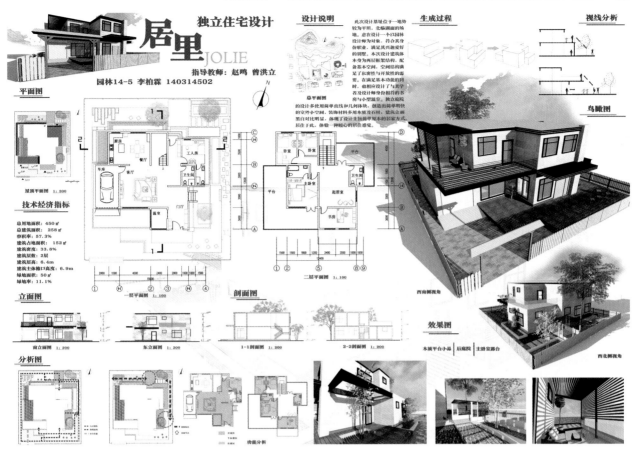

作品名称：居里

设计人：园林 14-5 李柏霖　　指导教师：曾洪立 赵鸣
课程名称：园林建筑设计　　作业完成日期：2016

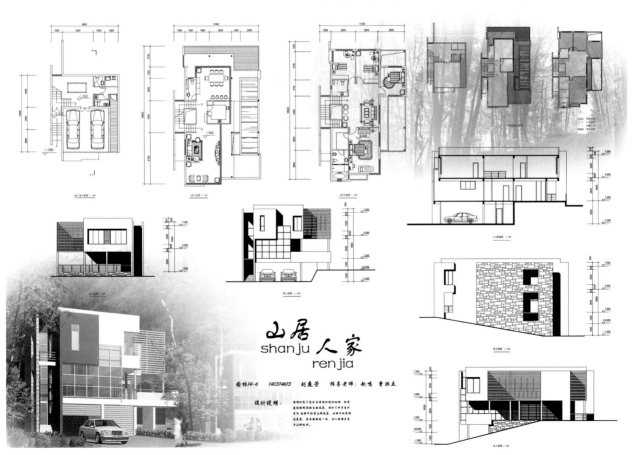

作品名称：山居人家

设计人：园林 14-6 刘庭芳　　指导教师：曾洪立 赵鸣
课程名称：园林建筑设计　　作业完成日期：2016

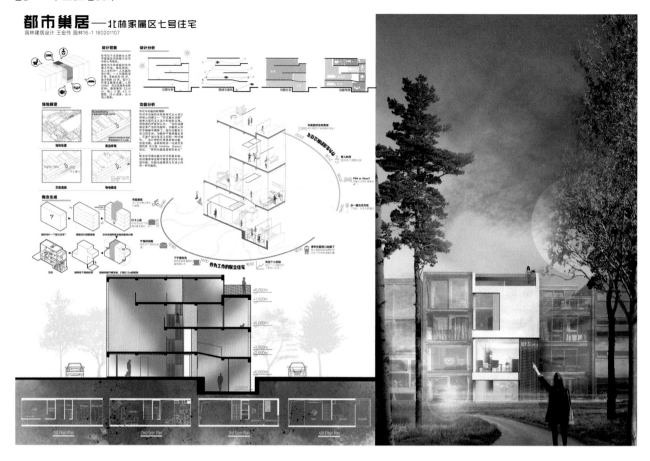

作品名称：都市巢居

设计人：园林 16-1 王宏伟   指导教师：段威
课程名称：园林建筑设计   作业完成日期：2018

作品名称：可以看见天空的家

设计人：园林 13-1 黄贝嘉   指导教师：董璁 段威
课程名称：园林建筑设计   作业完成日期：2015

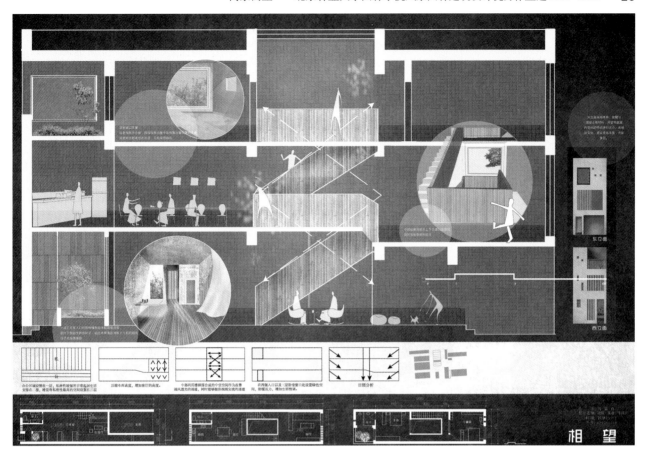

作品名称：相望

设计人：园林 15-2 冯嘉燕　　指导教师：董璁 段威 韦诗誉
课程名称：园林建筑设计　　作业完成日期：2017

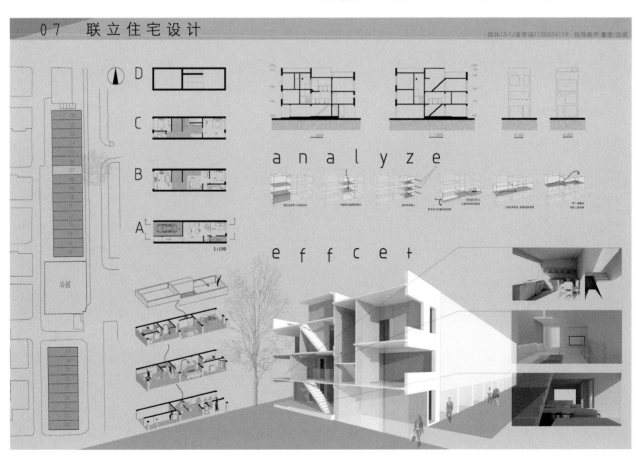

作品名称：联立住宅设计

设计人：园林 13-1 高梦瑶　　指导教师：董璁 段威
课程名称：园林建筑设计　　作业完成日期：2015

KEY HOUSE

园林151班 陈婧依 150201103
指导老师 段威 董璁 韦诗誉   2018.1

本次设计的场地位于北京林业大学北门，为联立式住宅。根据场地现有情况，结合周边环境，设计了一个"三明治住宅"。
三层在水平方向错开，在西侧形成了一个小阳台和一个超大露台。
三层为超豪华主卧，不仅给业主夫妇创造了私密空间，也为孩子的独立成长提供了条件。三层的露台满足了业主自己或与朋友休闲的需要，二层的阳台为孩子提供了放松的空间。站在阳台和露台上可以眺望住宅西侧的小花园。东侧的通高，分隔了室内与室外空间，增强了住宅的私密性。
同时，满足业主工作需要，在一楼设置了园林设计 studio，将工作与生活进行分离。

建筑面积 202.10㎡
建筑密度 84.30%
容积率   2.24

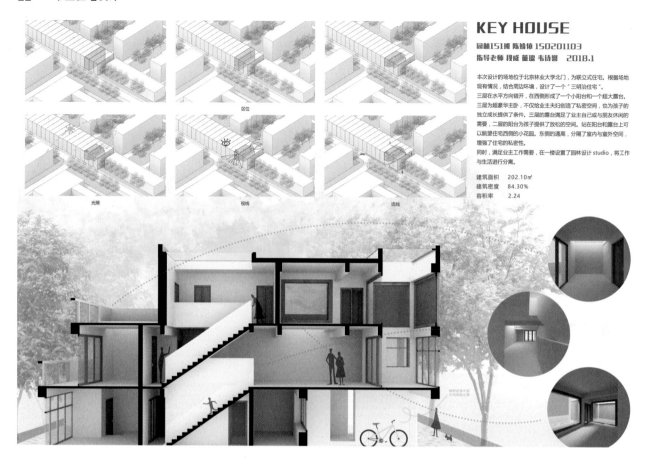

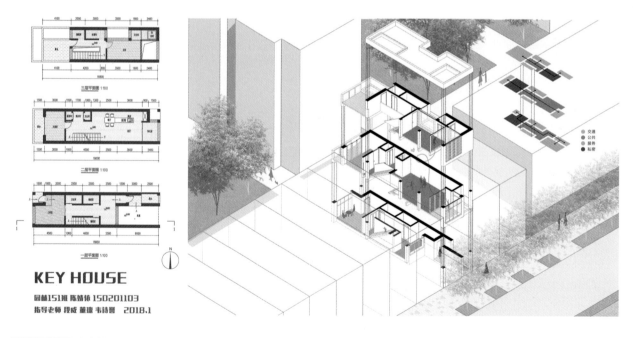

KEY HOUSE

园林151班 陈婧依 150201103
指导老师 段威 董璁 韦诗誉   2018.1

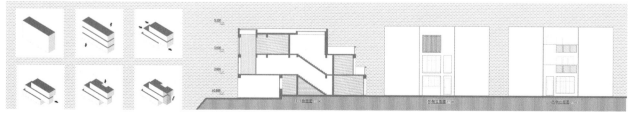

作品名称：KEY HOUSE

设计人：园林 15-1 陈婧依   指导教师：董璁 段威 韦诗誉
课程名称：园林建筑设计   作业完成日期：2018

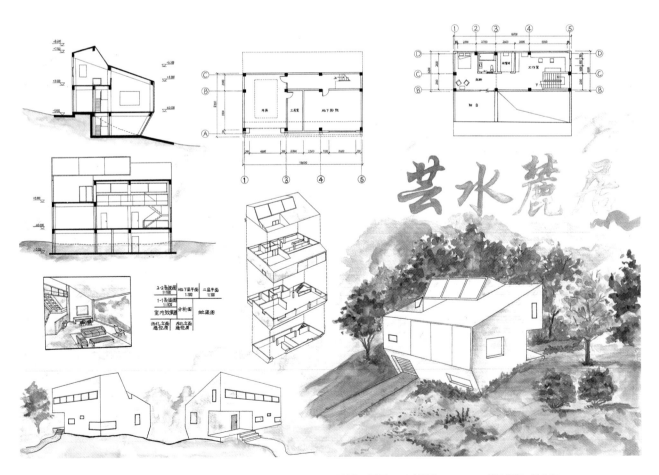

作品名称：**芸水麓居**

设计人：风园 13-3 刘丹艳　　　指导教师：郑小东

课程名称：别墅设计　　　作业完成日期：2014

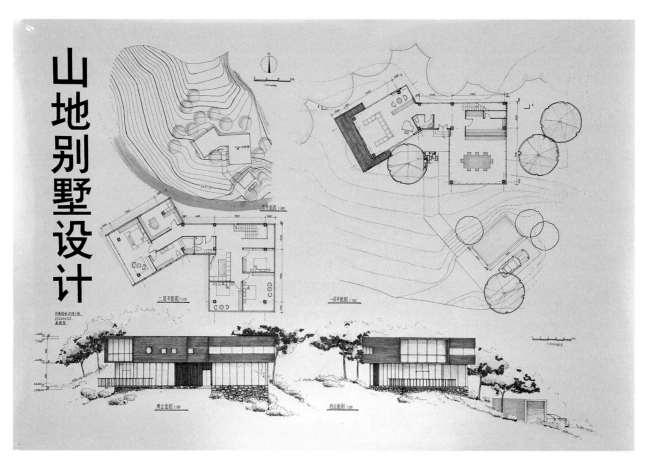

作品名称：山地别墅设计

设计人：风园 07-1 高焜雪   指导教师：郑小东
课程名称：别墅设计   作业完成日期：2010

作品名称：山隅别墅

设计人：风园 08-1 余方舟　　　　指导教师：郑小东 王朋
课程名称：别墅设计　　　　　　　作业完成日期：2011

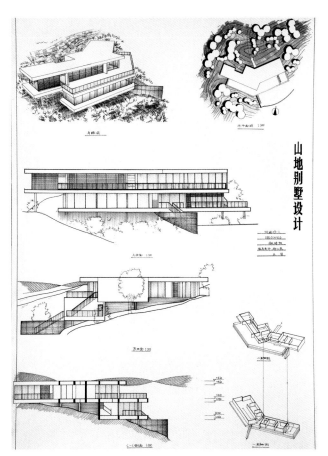

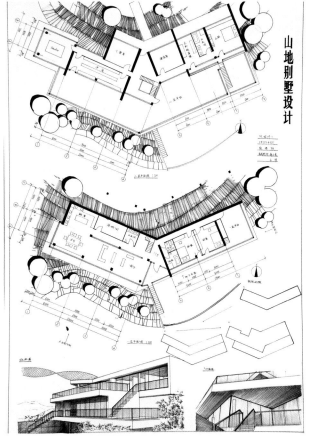

作品名称：山地别墅设计

设计人：风园 09-1 张诗阳　　　　指导教师：郑小东
课程名称：别墅设计　　　　　　　作业完成日期：2012

园 墅
——独立住宅设计

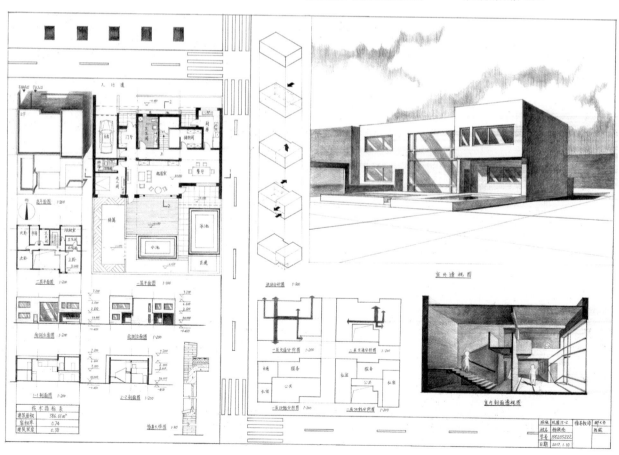

作品名称：院宅

设计人：风园 15-2 彭家园　　　　指导教师：郦大方 段威

课程名称：风景园林建筑设计　　　作业完成日期：2017

作品名称：院宅

设计人：风园 15-2 杨轶伦　　　　指导教师：郦大方 段威

课程名称：风景园林建筑设计　　　作业完成日期：2017

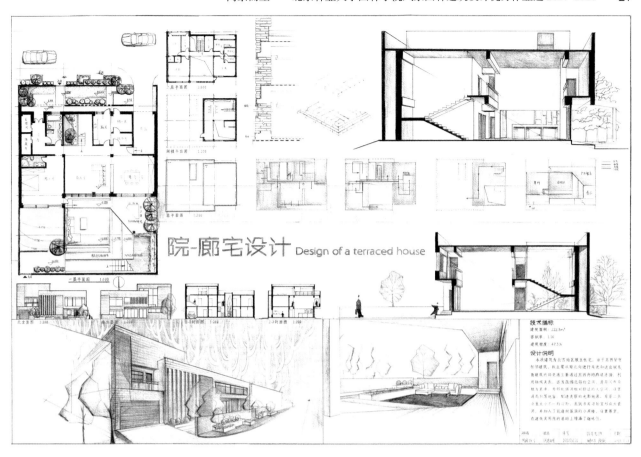

作品名称：院宅

设计人：风园 16-1 何思娴　　　指导教师：郦大方 段威
课程名称：风景园林建筑设计　　作业完成日期：2018

作品名称：院宅

设计人：风园 16-1 雷蒙　　　指导教师：郦大方 段威
课程名称：风景园林建筑设计　　作业完成日期：2018

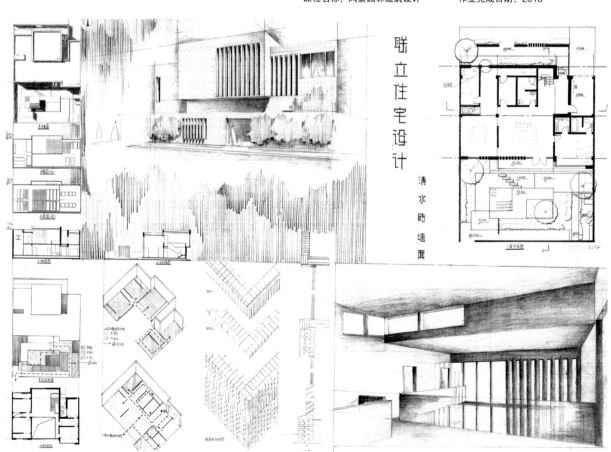

院-廊
住宅设计

作品名称：院宅

设计人：风园 16-1 李曾莲　　　指导教师：郦大方 段威
课程名称：风景园林建筑设计　　　作业完成日期：2018

作品名称：院宅

设计人：风园 16-2 黄瑞琦　　　指导教师：郦大方 段威
课程名称：风景园林建筑设计　　　作业完成日期：2018

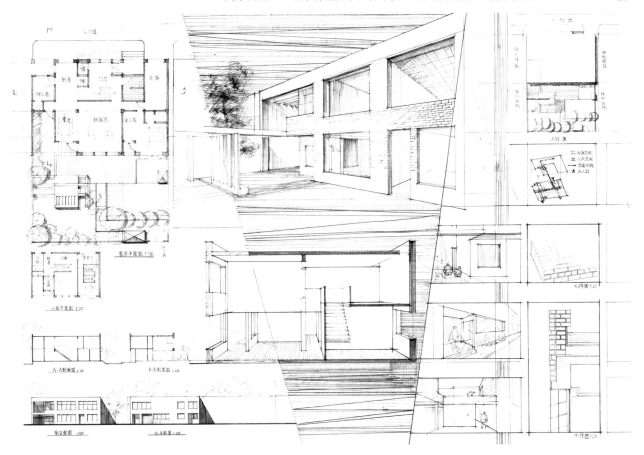

作品名称：院宅

设计人：风园 16-2 李亚楠　　　　指导教师：郦大方 段威
课程名称：风景园林建筑设计　　　作业完成日期：2018

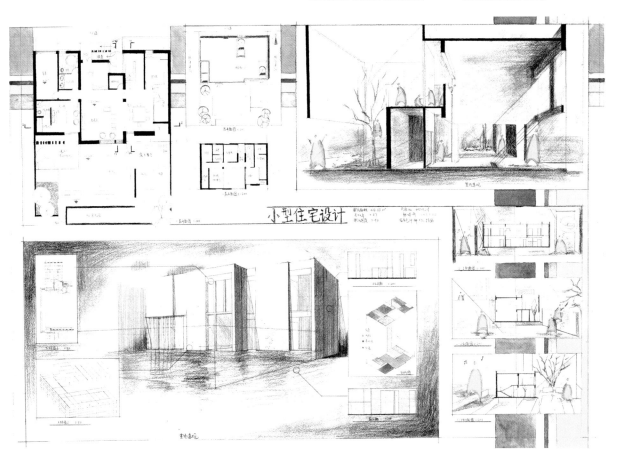

作品名称：院宅

设计人：风园 16-2 张译丹　　　　指导教师：郦大方 段威
课程名称：风景园林建筑设计　　　作业完成日期：2017

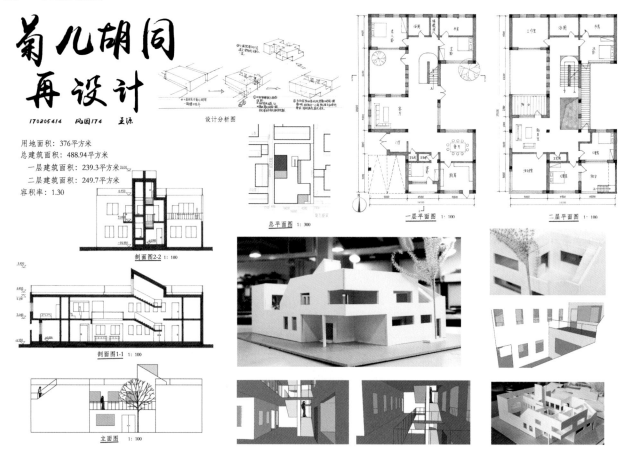

菊儿胡同再设计

170205414　风园174　王源

用地面积：376平方米
总建筑面积：488.94平方米
一层建筑面积：239.3平方米
二层建筑面积：249.7平方米
容积率：1.30

设计分析图

剖面图2-2 1：100

剖面图1-1 1：100

立面图 1：100

总平面图 1：300

一层平面图 1：100

二层平面图 1：100

作品名称：菊儿胡同再设计

设计人：风园 17-4 王源　　指导教师：赵辉 任莅棣
课程名称：住宅设计　　作业完成日期：2018

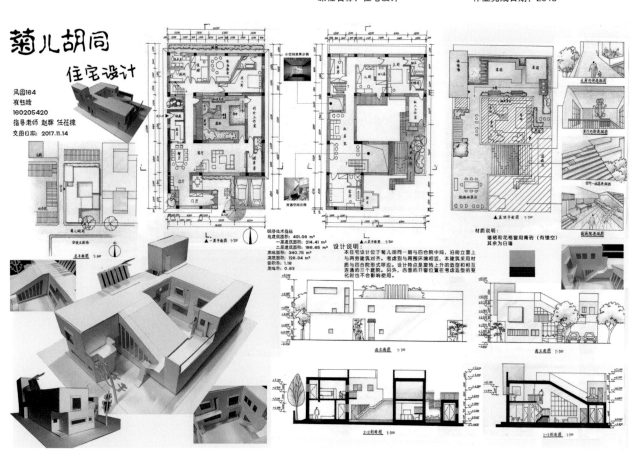

菊儿胡同

住宅设计

风园164
崔钰晗
160205420
指导老师 赵辉 任莅棣
交图日期：2017.11.14

作品名称：菊儿胡同住宅设计

设计人：风园 16-4 崔钰晗　　指导教师：赵辉 任莅棣
课程名称：住宅设计　　作业完成日期：2017

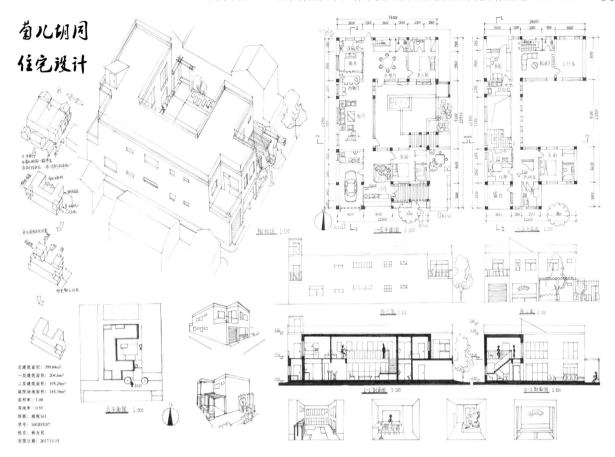

作品名称：菊儿胡同住宅设计

设计人：城规 16-1 林为民　　指导教师：赵辉 任莅棣
课程名称：住宅设计　　作业完成日期：2017

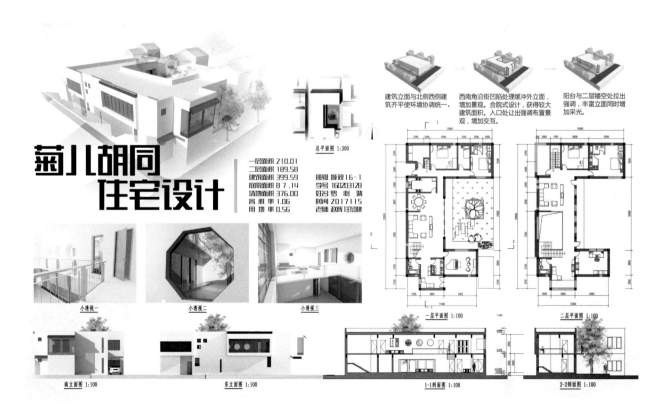

作品名称：菊儿胡同住宅设计

设计人：城规 16-1 罗怡婧　　指导教师：赵辉 任莅棣
课程名称：住宅设计　　作业完成日期：2017

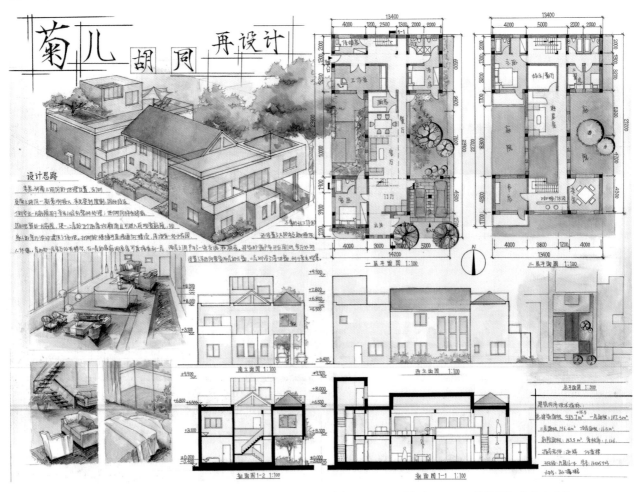

作品名称：菊儿胡同再设计

设计人：风园 16-4 孙瑾璐   指导教师：赵辉 任莅棣
课程名称：住宅设计   作业完成日期：2017

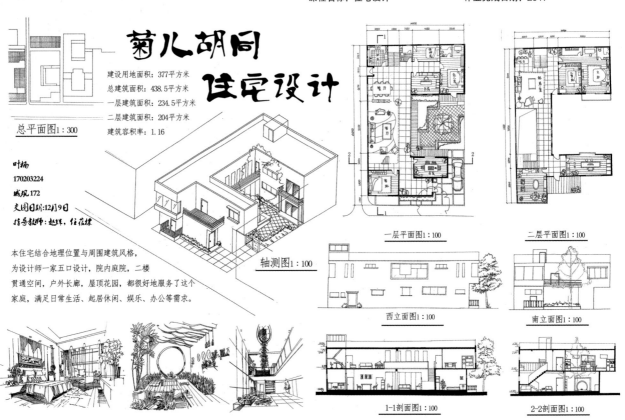

作品名称：菊儿胡同住宅设计

设计人：城规 17-2 叶楠   指导教师：赵辉 任莅棣
课程名称：住宅设计   作业完成日期：2018

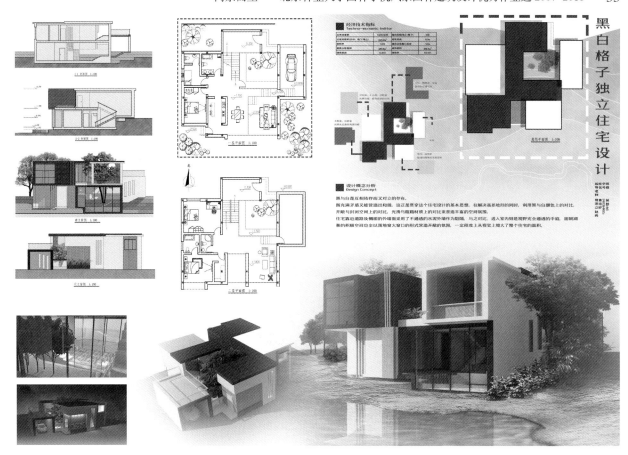

作品名称：黑白格子独立住宅设计

设计人：园林 14-6 秦诗妤　　指导教师：曾洪立 赵鸣
课程名称：园林建筑设计　　作业完成日期：2016

作品名称：园林设计师之家
——KANGFU MAISON

设计人：园林 14-1 卓康夫　　指导教师：董璁 段威
课程名称：园林建筑设计　　作业完成日期：2017

空间操作

出题思路

空间是建筑的核心，空间设计也是建筑设计的重要组成部分。建筑各个空间组成空间序列，使身临其境者逐渐形成对建筑空间的整体认知。

建筑空间是通过建筑实体要素进行限定形成的，这些要素按照功能可以分成柱、梁、墙、楼板等，按照形态可以分成线性构件、板片状构件和体块状构件。这些构件自身形态特征和材料特征的不同，存在与其相适应的空间建构手法，形成各具特色的空间形态。本课题以现代主义以来建筑理论为指导，以现代主义时期建筑作品为主要研究对象，学习空间操作手法，将其运用在设计中。

训练目标

通过该课题训练，培养学生空间感，学习分析解读优秀建筑案例的方法，尝试运用抽象的方式去思考建筑空间构成方式，并进行针对性设计。

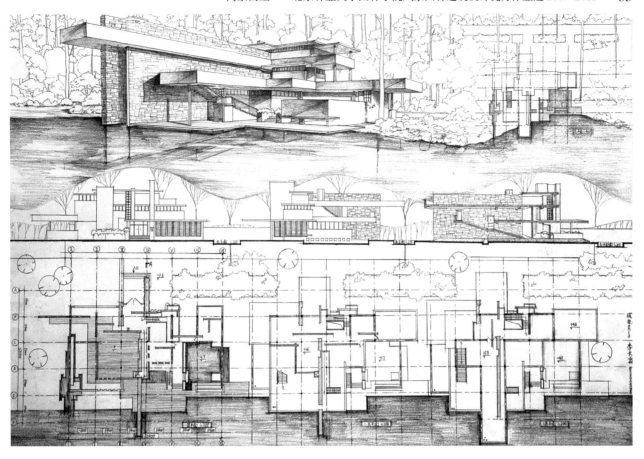

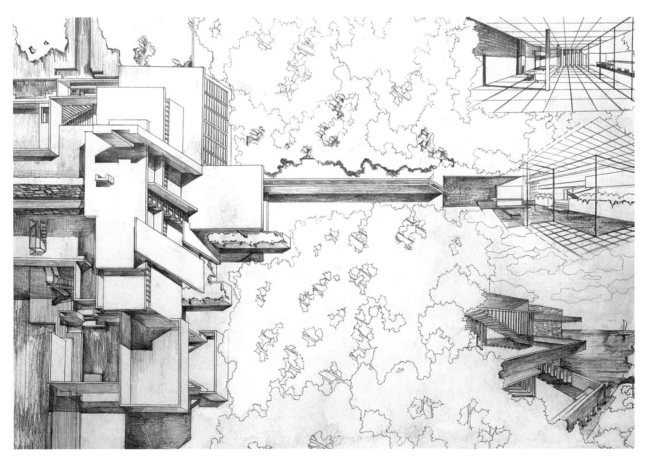

作品名称：箱体解体

设计人：城规 05-3 李长霖　　　指导教师：郦大方
课程名称：城规建筑设计　　　　作业完成日期：2008

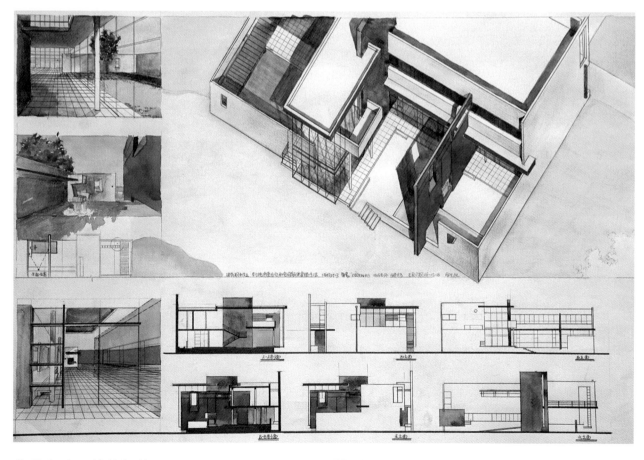

作品名称：箱体解体

设计人：城规 05-3 雷辰　　　　指导教师：郦大方

课程名称：城规建筑设计　　　　作业完成日期：2008

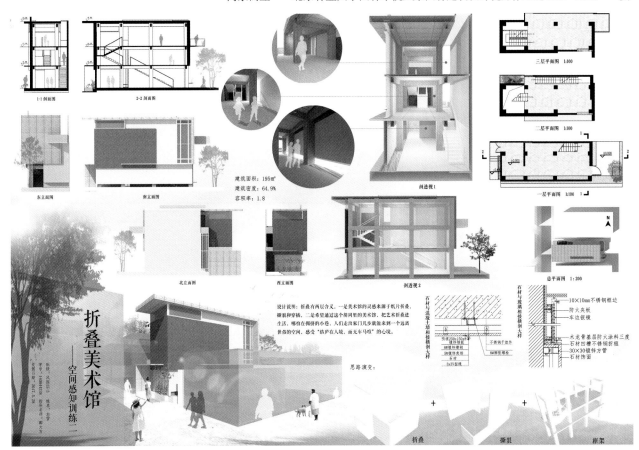

作品名称：折叠美术馆

设计人：梁希 15 白雪　　指导教师：郦大方

课程名称：园林建筑设计　　作业完成日期：2017

作品名称：板件折叠与空间穿插的探究

设计人：梁希 15 冯一帆　　指导教师：郦大方

课程名称：园林建筑设计　　作业完成日期：2017

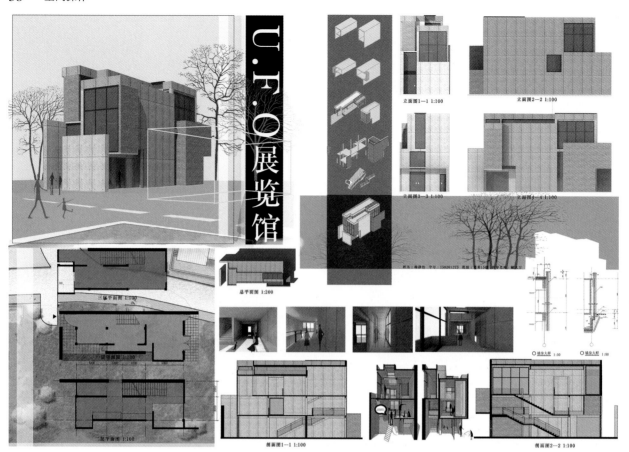

作品名称：U.F.O 展览馆

设计人：梁希 15 韩静怡　　　　指导教师：郦大方
课程名称：园林建筑设计　　　　作业完成日期：2017

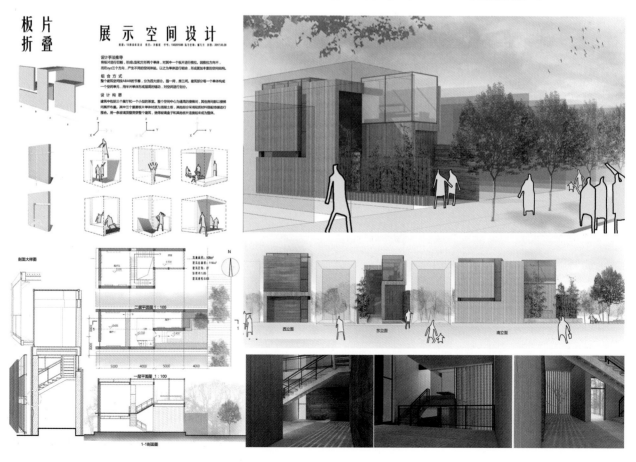

作品名称：板片折叠

设计人：梁希 15 李雁晨　　　　指导教师：郦大方
课程名称：园林建筑设计　　　　作业完成日期：2017

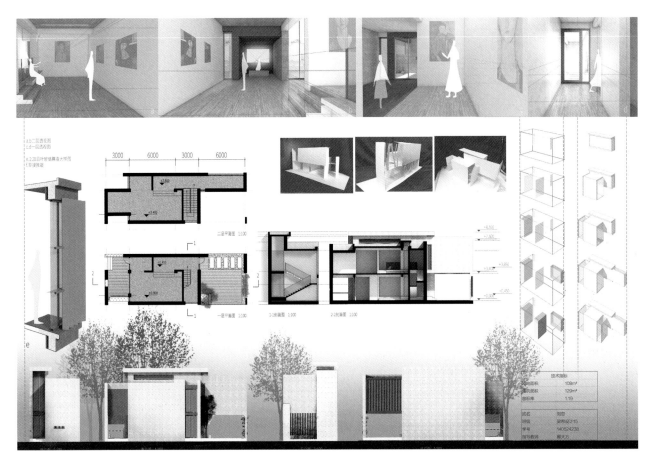

作品名称：一个抽屉

设计人：梁希 15 刘恋　　　指导教师：郦大方

课程名称：园林建筑设计　　作业完成日期：2017

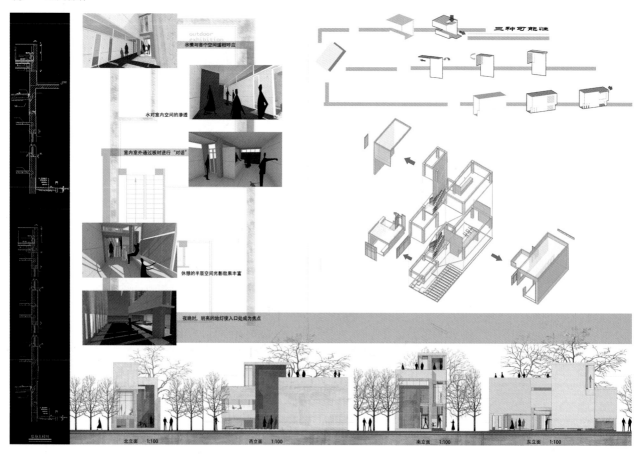

作品名称：板片折叠手法研究

设计人：梁希 15 周慧荻   指导教师：郦大方

课程名称：园林建筑设计   作业完成日期：2017

作品名称：板片折叠手法研究

设计人：梁希 15 马原　　　指导教师：郦大方
课程名称：园林建筑设计　　作业完成日期：2017

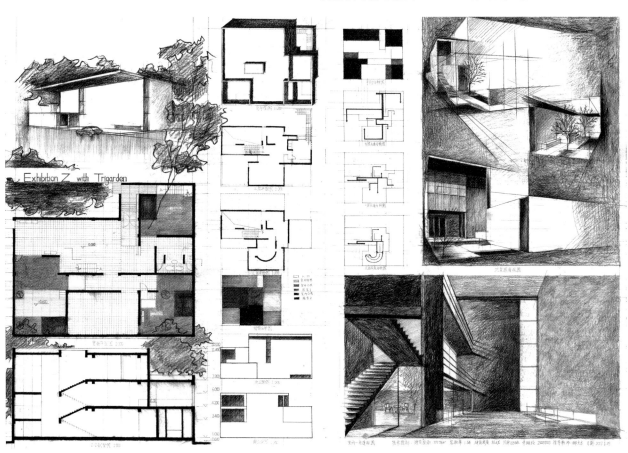

作品名称：箱体解体

设计人：梁希 15 朱翊纶　　　指导教师：郦大方
课程名称：园林建筑设计　　作业完成日期：2017

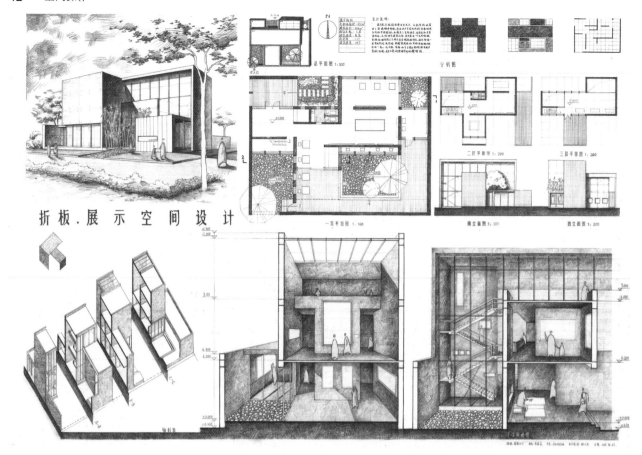

折板.展示空间设计

作品名称：箱体解体

设计人：梁希 15 李雁晨　　　指导教师：郦大方
课程名称：园林建筑设计　　　作业完成日期：2017

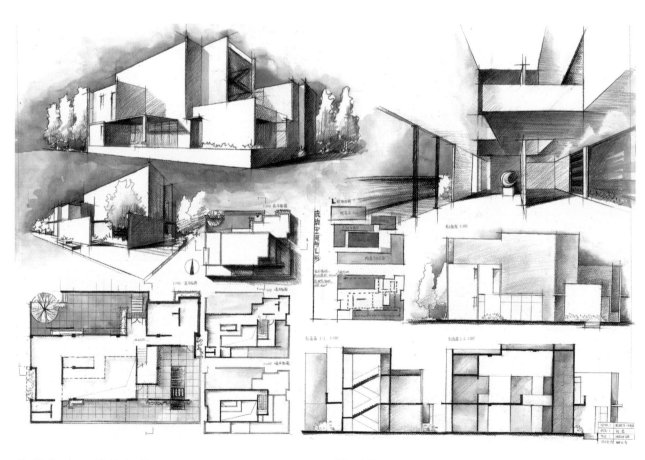

作品名称：箱体解体

设计人：梁希 15 刘恋　　　指导教师：郦大方
课程名称：园林建筑设计　　　作业完成日期：2017

校园中的微建筑

微建筑是不以建筑面积大小而论的迷你建筑物，它既可以提供单一用途，也可在狭小的空间内实现复杂功能。同时，微建筑还具有轻巧、别致、时尚、环保等时代特征。微建筑设计由于规模较小，不需组织与管理很多人的设计团队，因此成为年轻建筑师们力所能及的工作，他们可以通过精心地设计来完成微建筑作品，以此向世人展示其设计才能，从而获得更多的设计委托，开启职业设计师之路。

微建筑设计的这些特点也非常适合作为建筑设计初学者的学生们，他们可以通过学习微建筑设计，了解基本的设计原理，充分发挥自身的设计想象力，获得独立创作的喜悦，进一步提高对建筑设计的学习兴趣。

训练目标

通过设计一栋满足大学的学生校园生活需要的微型建筑，学习如何研究使用者的心理及行为，分析不同人群对建筑空间的不同要求，探讨建筑多变功能、灵活的空间、轻巧的建筑结构、有趣的建筑环境的关系。

总平面图

南立面图

东立面图

剖面图

细部1 细部2

平面图

夹层平面图

设计说明：

　　选择场地位于校园主干道西侧，教学区域的中央，是上课通行的必经之路，校园中重要的节点。但原场地利用率不高，主要为绿化聚集作用，但现状场地停留人较少。我们利用现状，保留改造广场以及周围绿地。加入售卖、读书角、交流空间等功能性区域，通过摆放室内外座椅，设计室内外的通透空间等手段，将建筑与场地有机结合，激活场地活力。建筑内部空间共分为两个大的区，一为建筑南侧的开场流通性区域，在区域内设置售卖柜台，沿窗桌椅等；二为建筑北侧为安静休息区域，此区域内设置了很多座椅，并设置隔层空间，提供安静图书和观景的区域。同时，在建筑南侧外设置室外空间，沟通建筑内外。两个体块间使用校园建筑元素连接，既与其他建筑呼应，又产生光影，丰富立面效果。

夏至
10：00　12：00　16：00
冬至
10：00　12：00　16：00

上课人流　下课人流　平时人流

空间分析

作品名称：校园微型建筑设计

设计人：风园15-3 段雨汐 马文莉 张馨予　　指导教师：任莅棣
课程名称：校园微型建筑设计　　作业完成日期：2018

校园微型建筑设计----2017-2018-2 studio
段雨汐150205307 马文莉150205308 张馨予150205310

猫舍 • Cat house

设计说明： 本次设计所选场地位于一教西边的绿地中，建筑面积96m²，本设计在为流浪猫建造栖身之所的前提下，更多地探寻人与猫和谐相处的可能性及人和猫相处的平衡点。努力创造出一个人与猫相互亲近和了解的交互空间。

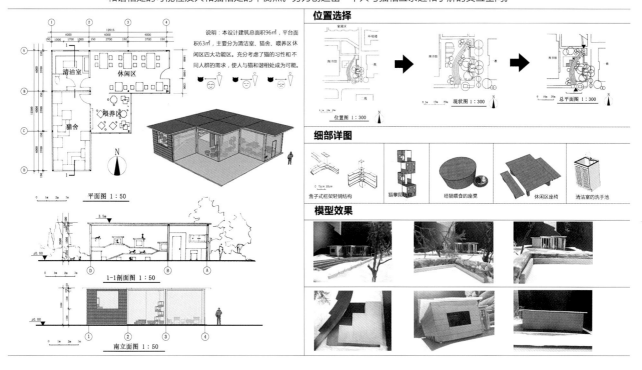

作品名称：猫舍

设计人：园林 14-3 兰潇 柯凯恩 樊永霞　　指导教师：任莅棣
课程名称：校园微型建筑设计　　作业完成日期：2016

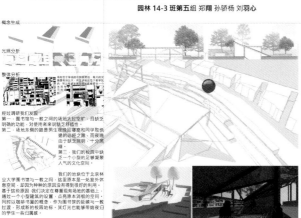

作品名称：校园停滞空间设计

设计人：园林 14-3 郑翔 孙骄杨 刘羽心　　指导教师：任莅棣
课程名称：校园微型建筑设计　　作业完成日期：2016

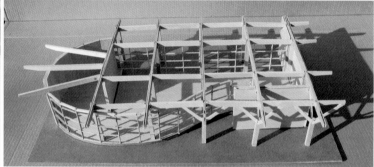

作品名称：框架与围合设计

设计人：董力玮   指导教师：王朋
课程名称：园林建筑设计   作业完成日期：2018

作品名称：框架与围合设计

设计人：郝韫   指导教师：王朋
课程名称：园林建筑设计   作业完成日期：2018

作品名称：瞭望塔

设计人：丁楠
指导教师：郑小东　王朋
课程名称：观景台设计
作业完成日期：2007

作品名称：瞭望塔

设计人：马浩然
指导教师：郑小东　王朋
课程名称：观景台设计
作业完成日期：2007

作品名称：瞭望塔

设计人：范伟强
指导教师：郑小东　王朋
课程名称：观景台设计
作业完成日期：2007

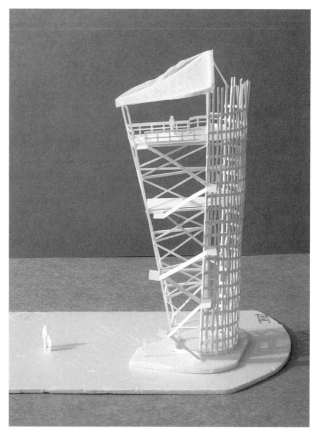

作品名称：瞭望塔

设计人：庄永文
指导教师：郑小东　王朋
课程名称：观景台设计
作业完成日期：2007

作品名称：瞭望塔

设计人：粟妍洁
指导教师：郑小东　王朋
课程名称：观景台设计
作业完成日期：2007

作品名称：瞭望塔

设计人：何菲
指导教师：郑小东　王朋
课程名称：观景台设计
作业完成日期：2007

作品名称：瞭望塔

设计人：孙帅
指导教师：郑小东　王朋
课程名称：观景台设计
作业完成日期：2009

作品名称：瞭望塔

设计人：侯宁
指导教师：郑小东　王朋
课程名称：观景台设计
作业完成日期：2007

作品名称：观景台

设计人：魏犇
指导教师：郑小东　王朋
课程名称：观景台设计
作业完成日期：2007

作品名称：观景台

设计人：孙长娟
指导教师：郑小东　王朋
课程名称：观景台设计
作业完成日期：2007

作品名称：观景台

设计人：赵睿
指导教师：郑小东　王朋
课程名称：观景台设计
作业完成日期：2009

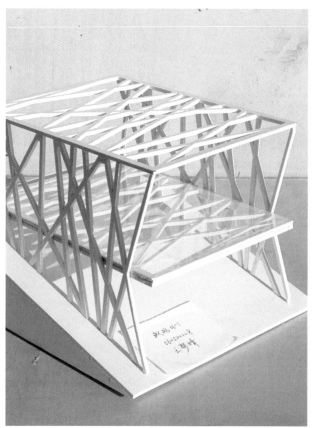

作品名称：观景台

设计人：王梦婧
指导教师：郑小东　王朋
课程名称：观景台设计
作业完成日期：2009

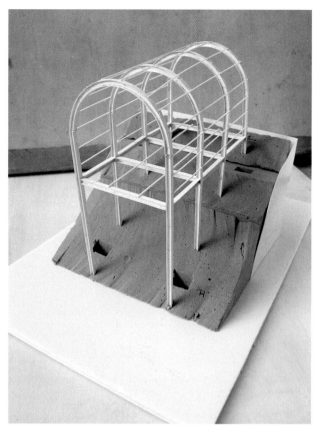

作品名称：观景台

设计人：张铭然

指导教师：郑小东 王朋

课程名称：观景台设计

作业完成日期：2009

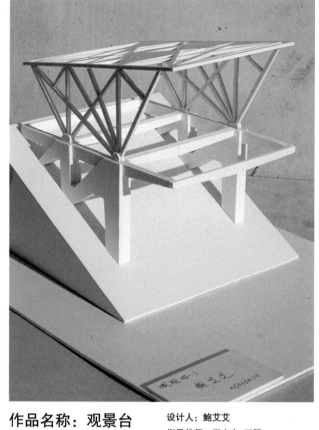

作品名称：观景台

设计人：鲍艾艾

指导教师：郑小东 王朋

课程名称：观景台设计

作业完成日期：2009

作品名称：观景台

设计人：王江

指导教师：郑小东 王朋

课程名称：观景台设计

作业完成日期：2009

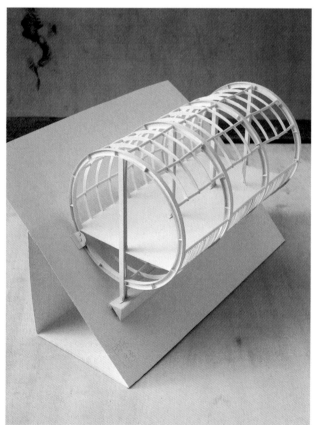

作品名称：观景台

设计人：田乐

指导教师：郑小东 王朋

课程名称：观景台设计

作业完成日期：2009

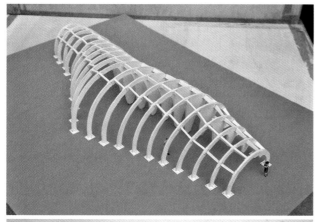

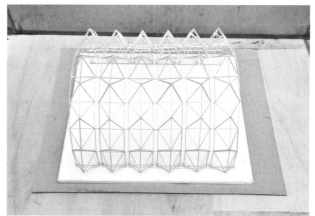

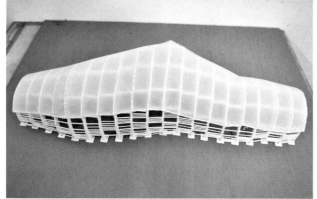

作品名称：Pavilion

设计人：王剑
指导教师：郑小东　王朋
课程名称：Pavilion 设计
作业完成日期：2011

作品名称：Pavilion

设计人：郭思阳
指导教师：郑小东　王朋
课程名称：Pavilion 设计
作业完成日期：2011

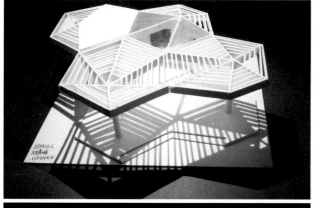

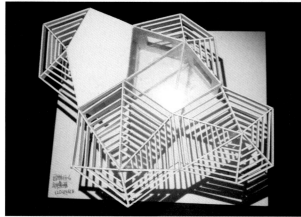

作品名称：Pavilion

设计人：钟惠雅
指导教师：郑小东　王朋
课程名称：Pavilion 设计
作业完成日期：2016

作品名称：Pavilion

设计人：陈炫然
指导教师：郑小东　王朋
课程名称：Pavilion 设计
作业完成日期：2009

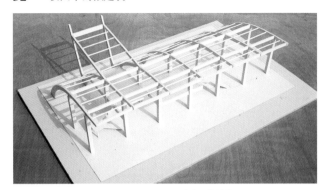

作品名称：Pavilion

设计人：车笑晨
指导教师：郑小东 王朋
课程名称：Pavilion 设计
作业完成日期：2009

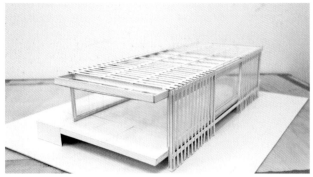

作品名称：Pavilion

设计人：张诗阳
指导教师：郑小东 王朋
课程名称：Pavilion 设计
作业完成日期：2011

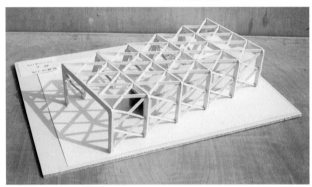

作品名称：Pavilion

设计人：郝玉
指导教师：郑小东 王朋
课程名称：Pavilion 设计
作业完成日期：2009

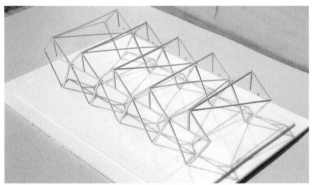

作品名称：Pavilion

设计人：庞璐
指导教师：郑小东 王朋
课程名称：Pavilion 设计
作业完成日期：2009

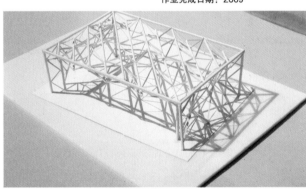

作品名称：Pavilion

设计人：高明明
指导教师：郑小东 王朋
课程名称：Pavilion 设计
作业完成日期：2009

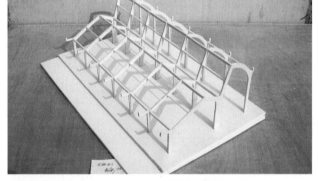

作品名称：Pavilion

设计人：满新
指导教师：郑小东 王朋
课程名称：Pavilion 设计
作业完成日期：2009

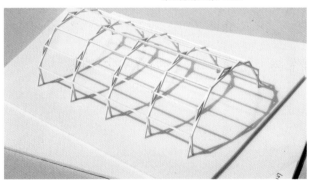

作品名称：Pavilion

设计人：黄祯琦
指导教师：郑小东 王朋
课程名称：Pavilion 设计
作业完成日期：2009

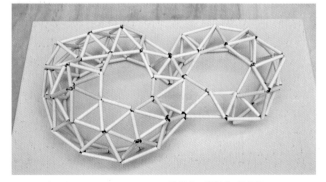

作品名称：Pavilion

设计人：张婧卓 马晓萌
指导教师：郑小东 王朋
课程名称：Pavilion 设计
作业完成日期：2011

中国古典建筑

出题思路

中国古典建筑是中国古典园林的有机组成部分，在传统园林中拥有重要地位，它不同于西方古典建筑，在审美意象、材料、结构、空间组织、使用功能、群体组织、建造方式等方面都有自身特点，通过学习中国古典建筑可以更好地理解中国传统文化。

课程中讲解在中国古典园林中常见的建筑的形式构成原则和构成方式，组织学生进行实物测绘。选择园林中的一块场地，进行古典园林建筑设计。

训练目标

通过对中国古典园林建筑进行测绘和设计，学习中国古典建筑构成方式、形体组合方式、建筑与环境的对话方式，同时通过与西方古典砖石建筑和现代主义建筑的对比，加深对建筑空间、材料、结构、环境设计等建筑学问题的理解。

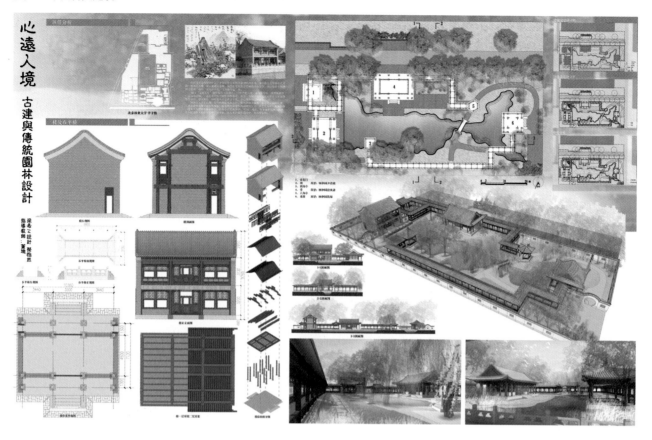

作品名称：心远人境

设计人：梁希 14 蔡怡然　　指导教师：董璨

课程名称：古建与传统园林设计　　作业完成日期：2017

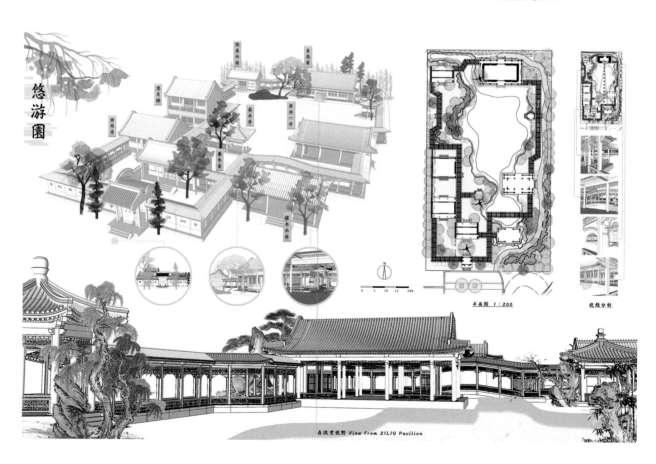

作品名称：悠游园

设计人：梁希 15 冯一帆　　指导教师：董璨

课程名称：古建与传统园林设计　　作业完成日期：2018

北京林业大学王字广场古建设计

王宇泓 120314314
指导教师：董璁

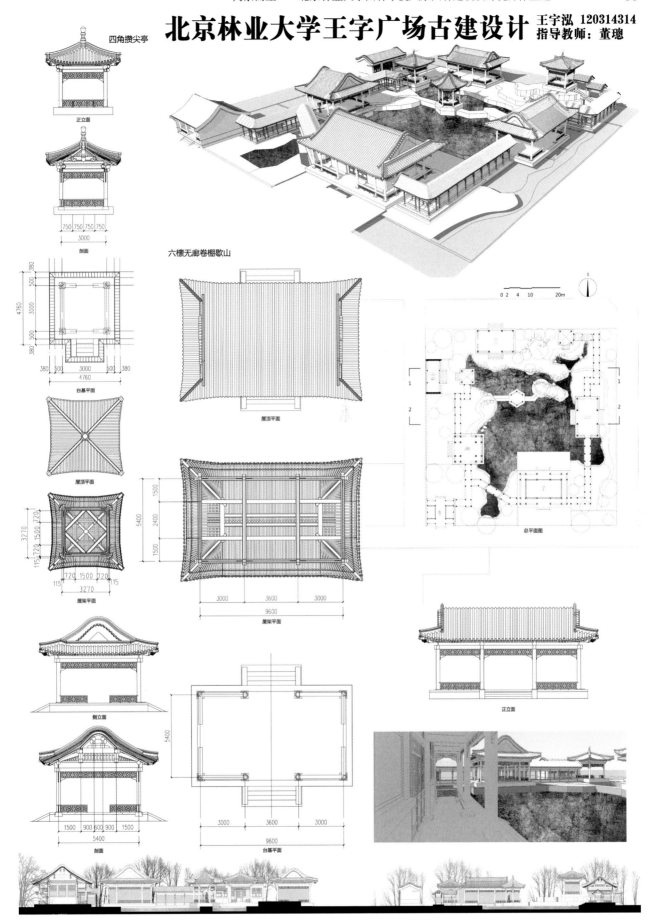

四角攒尖亭

正立面

剖面

750 750 750 750
3000

380 500 3000 500 380
4760

台基平面

屋顶平面

720 1500 720
115 115
3270
屋架平面

侧立面

1500 900 600 900 1500
5400
剖面

六檩无廊卷棚歇山

屋顶平面

1500 2400 1500
5400
3000 3600 3000
9600
屋架平面

3000 3600 3000
9600
台基平面

正立面

0 2 4 10 20m

总平面图

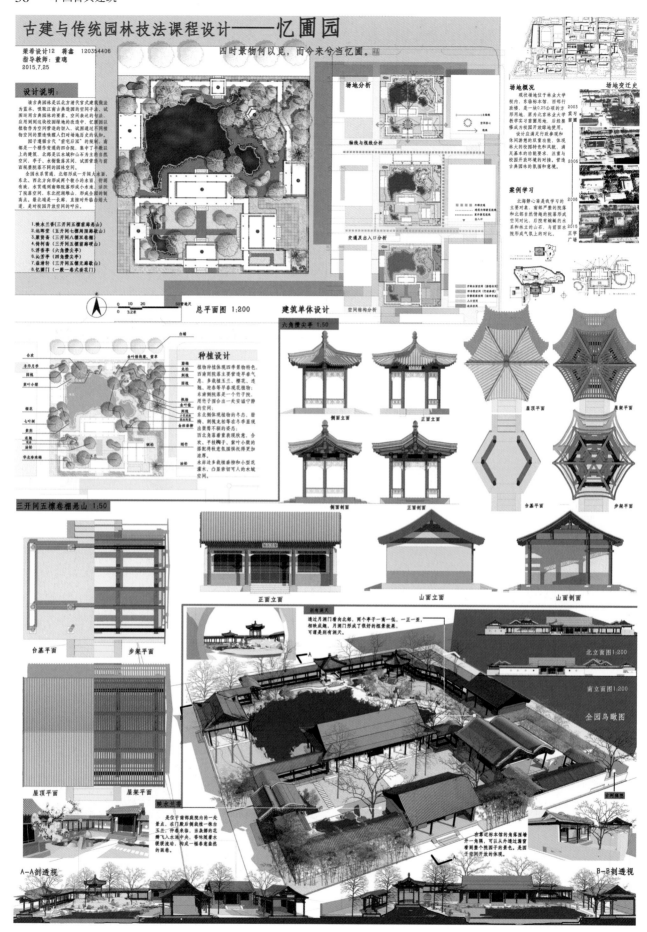

作品名称：忆圃园

设计人：梁希12 蒋鑫   指导教师：董璨

课程名称：古建古建与传统园林设计   作业完成日期：2018

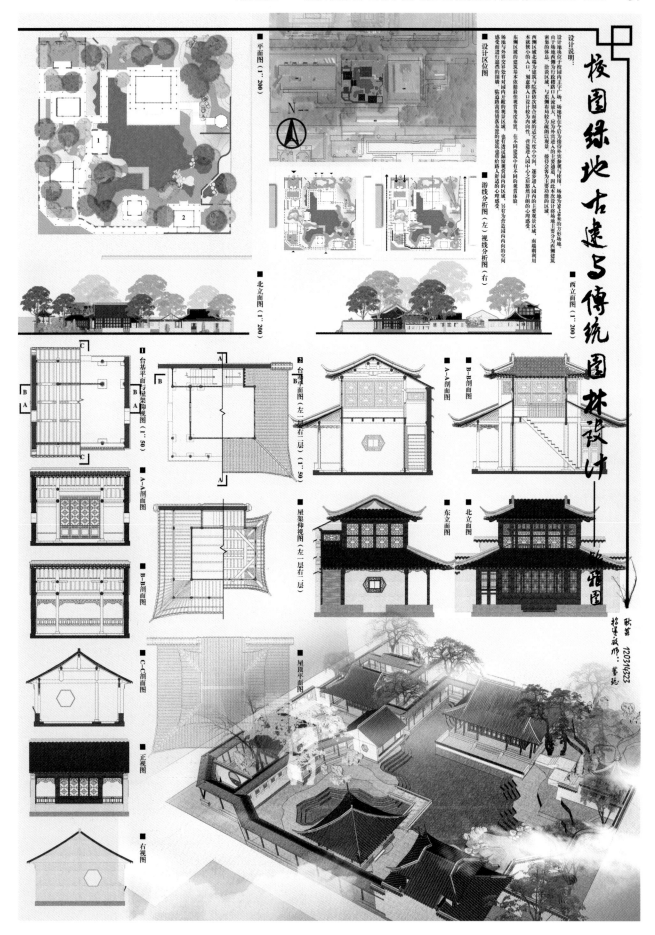

■ 平面图（1＂200）

■ 设计区位图

■ 设计说明

■ 游线分析图（左）视线分析图（右）

■ 西立面图（1＂200）

■ 北立面图（1＂200）

校园绿地古建与传统园林设计

韶雅园

■ 台基平面与屋架仰视图（1＂50）

■ A-A剖面图

■ B-B剖面图

■ C-C剖面图

■ 正视图

■ 右视图

■ 台基平面图（左一层右二层）（1＂50）

■ A-A剖面图

■ B-B剖面图

■ 屋架仰视图（左一层右二层）

■ 东立面图

■ 北立面图

■ 屋顶平面图

耿菲 120314323
指导教师：董璁

作品名称：韶雅园

设计人：梁希 15 耿菲　　指导教师：董璁
课程名称：古建与传统园林设计　　作业完成日期：2015

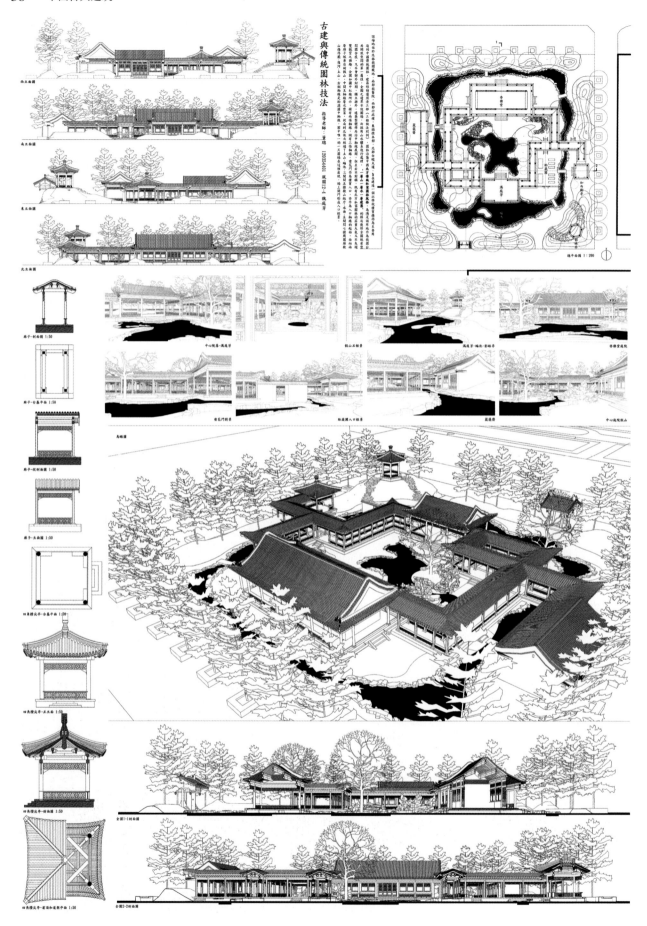

作品名称：古建与传统园林技法

设计人：风园 12-4 魏庭芳　　　　指导教师：董璁

课程名称：古建与传统园林设计　　作业完成日期：2015

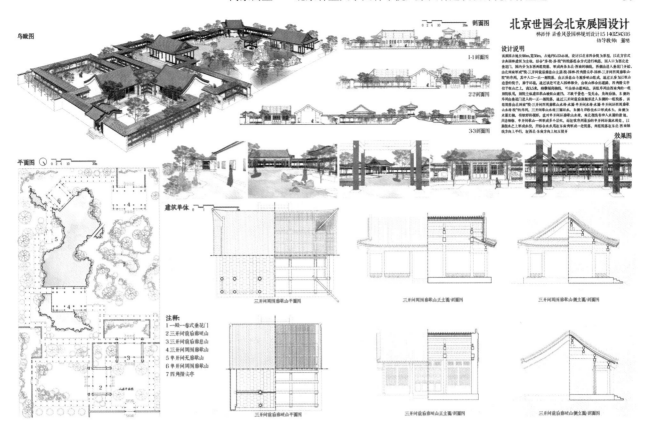

作品名称：北京世园会北京展园设计

设计人：梁希 15 林添怿　　　　指导教师：董璁
课程名称：古建与传统园林设计　　作业完成日期：2018

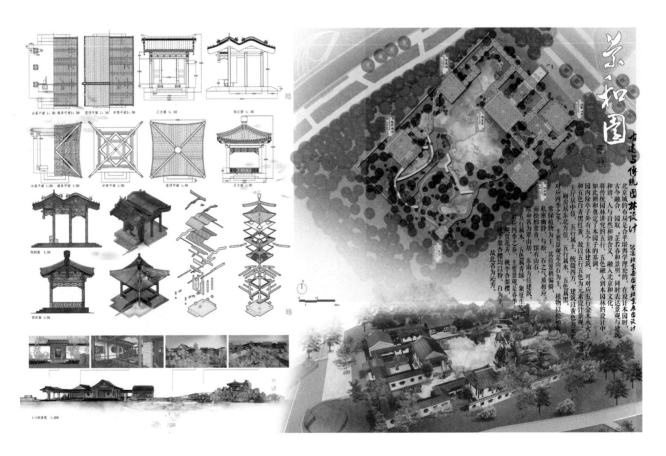

作品名称：景和园

设计人：梁希 15 王馨艺　　　　指导教师：董璁
课程名称：古建与传统园林设计　　作业完成日期：2018

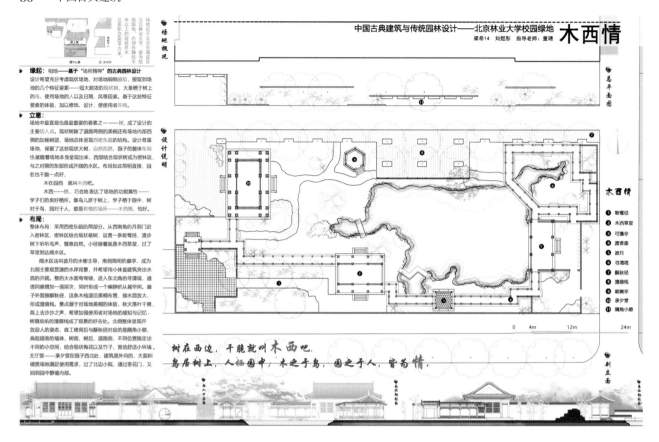

缘起：相地——基于"场所精神"的古典园林设计
设计希望充分考虑现状场地，对场地细细感知，提取到场地的几个特征要素——冠大荫浓的现状树，大量栖于树上的鸟，使用场地的人以及日照、风等因素。基于这些特征要素加以修饰，设计，使使用者共鸣。

立意：场地中最直观也是最重要的要素——树，成了设计的主要切入点。现状树除了道路两侧的美桐是场地内部西侧的水杉树丛。场地总体呈现西密东疏的现状。设计尊重场地，保留了这些现状大树，自然而然，园子的整体布局也就随着场地本身呈现出来，西部结合现状树林区，与之对着的东部形成开阔的水区。布局如此简明直接，园名也干脆一点处。
木在园西　就叫木西吧。
木西—悟，巧合地表达了场地的功能属性——学子的良好栖所，像鸟儿栖于树上，学子栖于园中，树对于鸟，园对于人，都是有情的场所——木西情，恰好。

布局：整体布局：采用西密东疏的两部分。从西南角的月洞门进入密林区，密林区结合现状杉树，设置一条聆莺径，漫步树下听听鸟声，惬意自然。小径接着就是木西草堂，过了草堂到达闻水区。
闻水区由叫波月的水榭主导，南侧简明的廊亭，成为北侧主要观景贯通的水岸背景，并希望用小体量建筑突出于水面的开阔。整的大水面弯弯绕，进入东北角的寻清谱，通透回廊增加一层次，同时形成一个幽静的从属空间。廊子外面接酥秋径，这条木栈道沿美桐布置，接水面放大，形成澄霜栈。景点源于对场地美桐的体验，秋天落叶下来，踏上去沙沙之声，希望加强使用者对场地的感知与记忆，树荫花伙的澄霜栈成了观景的好去处。北侧整体呈现开放迎人的姿态，森工楼有后与酥秋径对应的是隅角小憩，高低错落的墙体、树荫、树后，不同位置限定出不同的小空间，结合现状梅花以及竹子，营造舒适小环境。
主厅堂——承夕堂在园子西北处，建筑是外向的，大面积硬质地处满足使用需求，过了北边小院，通过垂花门，又回到园中静谧内部。

树在西边，干脆就叫木西吧。
鸟居树上，人福园中；木之于鸟，园之于人，皆为情。

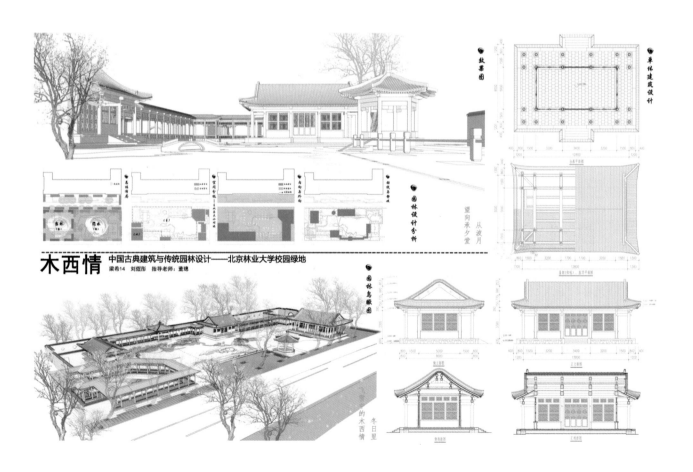

作品名称：木西情

设计人：梁希 14 刘煜彤
课程名称：中国古典建筑与传统园林设计

指导教师：董璁
作业完成日期：2017

某郊野公园游船码头设计

出题思路

本课程是风景园林建筑设计最后阶段的设计题目之一，设置了建筑面积约 1500 平方米的游船码头及其外环境设计。期望学生通过本课程的学习，掌握园林及建筑设计中各种形式的基本概念，初步理解建筑结构、设备、构造等技术措施。选择码头及其附属建筑作为题目，能够让学生在设计中感受到景观与建筑的紧密关系，建立景观与建筑相融合的设计理念。

训练目标

通过本课程的学习，使学生掌握处理中小型园林建筑的基本思路，能够协调功能、技术、造型艺术等诸多方面的要求，掌握较复杂园林建筑的设计方法；巩固和发展建筑设计的基本能力，建立与风景园林相互融合的建筑设计观念。

作品名称：流景码头

设计人：风园 16-2 陈晨   指导教师：韦诗誉
课程名称：风景园林建筑设计   作业完成日期：2018

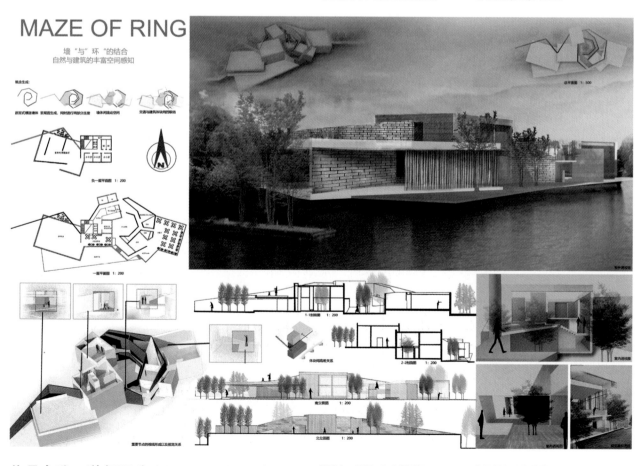

作品名称：游船码头

设计人：风园 16-2 姜昕怿   指导教师：韦诗誉
课程名称：风景园林建筑设计   作业完成日期：2018

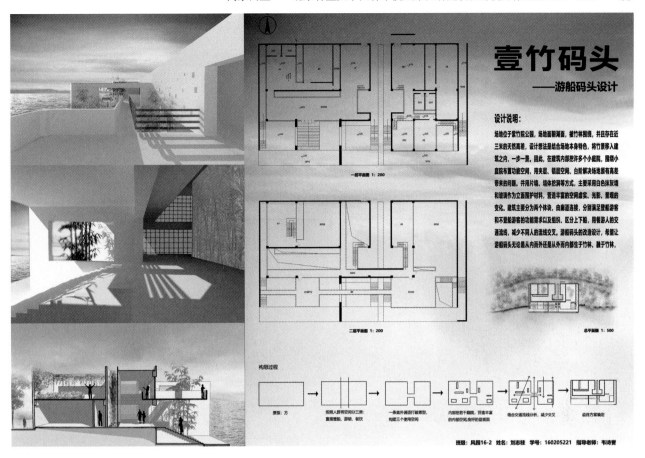

壹竹码头
——游船码头设计

设计说明：

场地位于紫竹院公园，场地面朝湖面，被竹林围绕，并且存在近三米的天然高差，设计想法是结合场地本身特色，将竹景移入建筑之内，一步一景。因此，在建筑内部挖许多个小庭院，围绕小庭院布置功能空间，用夹层、错层空间、台阶解决场地有高差带来的问题。并用片墙、墙体挖洞等方式，主要采用白色抹灰墙和玻璃端作为立面围护材料，营造丰富的空间虚实、光影、景观的变化。建筑主要分为两个体块，由廊道连接，分别满足登船游客和不登船游客的功能需求以及组织。区分上下船，用餐游人的交通流线，减少不同人的流线交叉。游船码头的改造设计，希望让游船码头无论是从内而外还是从外而内都生于竹林、融于竹林，

一层平面图 1:200

二层平面图 1:200

总平面图 1:500

构思过程

原型：方 → 按照人群将空间分三类：直接登船、游船、餐饮 → 一条室外通道打破原型，构成三个使用空间 → 内部挖若干庭院，营造丰富的内部空间良好的层级阶 → 结合交通流线组织，减少交叉 → 最终方案确定

班级：风园16-2 姓名：刘志桂 学号：160205221 指导老师：韦诗誉

壹竹码头
——游船码头设计

剖2-1 1:200

北立面 1:200

剖图1 1:200

剖2-2 1:200

南立面 1:200

班级：风园16-2 姓名：刘志桂 学号：160205221 指导老师：韦诗誉

作品名称：壹竹码头

设计人：风园 16-2 刘志桂　　指导教师：韦诗誉
课程名称：风景园林建筑设计　　作业完成日期：2018

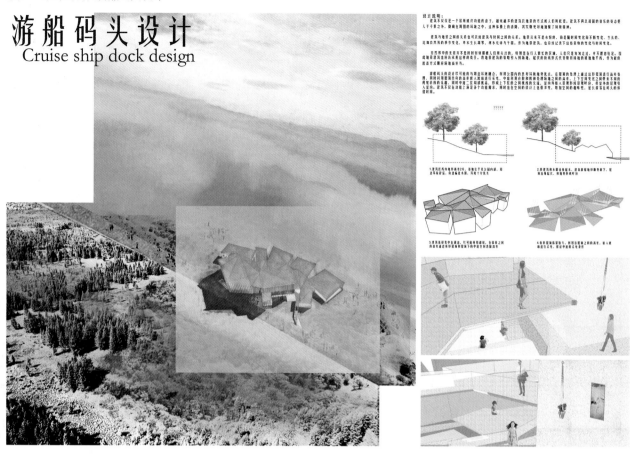

作品名称：游船码头设计

设计人：风园 16-2 罗雅丹   指导教师：韦诗誉
课程名称：风景园林建筑设计   作业完成日期：2018

前期测绘及调研
Preliminary survey and survey

现状剖面图
Current profile

设计说明
Design description

水域面积为6225平方米

现状总平面图
General plan of current situation

现状剖面图2
Current profile

钢架

木材

石材

植物

砖

0m　10m　30m　70m

总平面图 1:500

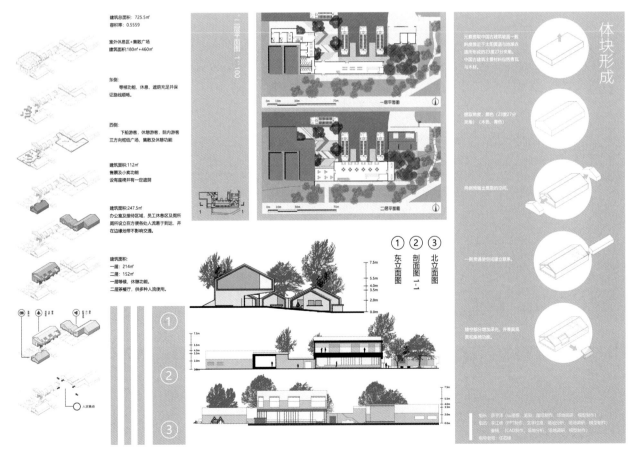

作品名称：紫竹院码头设计

设计人：风园 16-3 薛宇泽 李江峰 姜楠
课程名称：紫竹院码头设计

指导教师：任苼棣
作业完成日期：2018.07

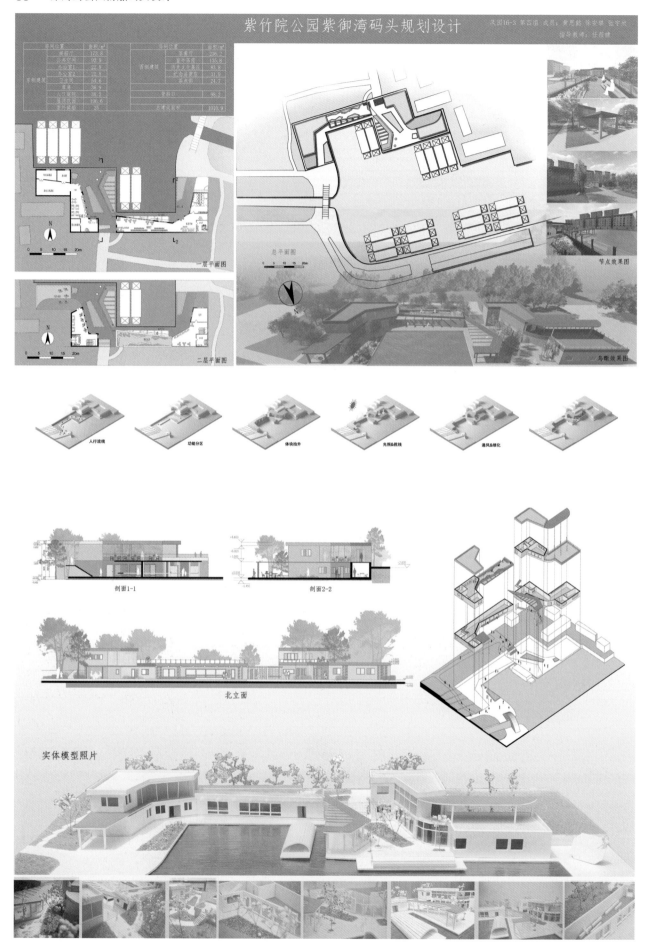

作品名称：紫竹院公园紫御湾码头规划设计

设计人：风园 16-3 黄思懿 徐安琪 张宇欣　　指导教师：任莅棣

课程名称：紫竹院码头设计　　作业完成日期：2018

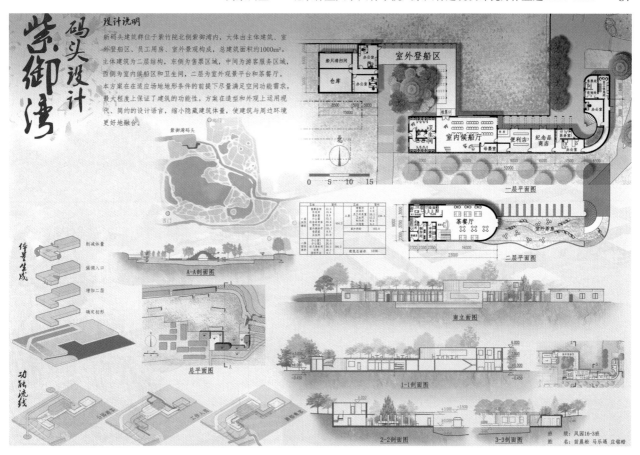

作品名称：紫御湾码头设计

设计人：风园 16-3 苗晨松 马乐遇 庄铭皓　　指导教师：任莅棣
课程名称：紫竹院码头设计　　　　　　　　　作业完成日期：2018

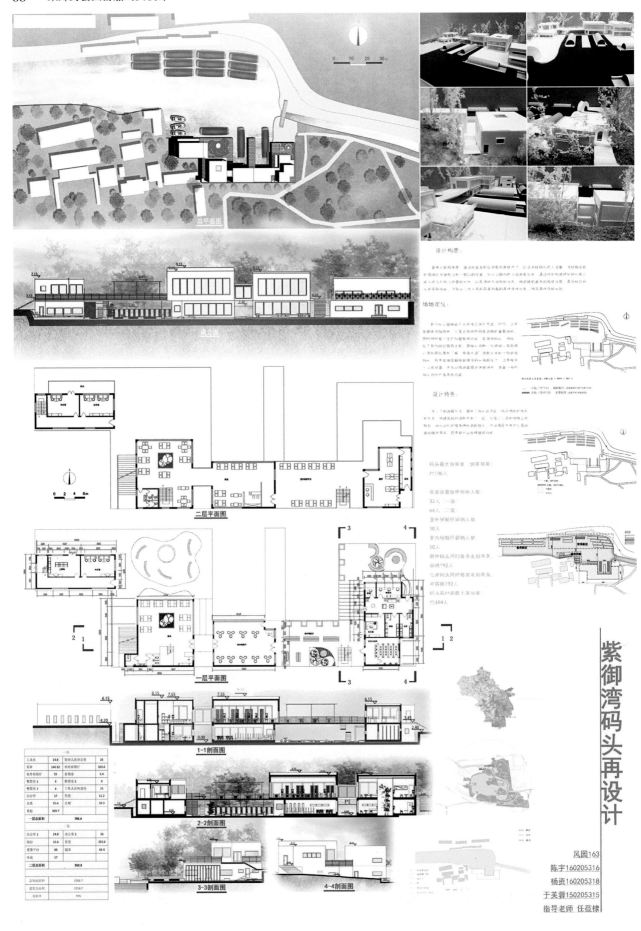

作品名称：紫御湾码头设计

设计人：风园 16-3 陈宇 杨资 于芙蓉   指导教师：任莅棣

课程名称：紫竹院码头设计   作业完成日期：2018

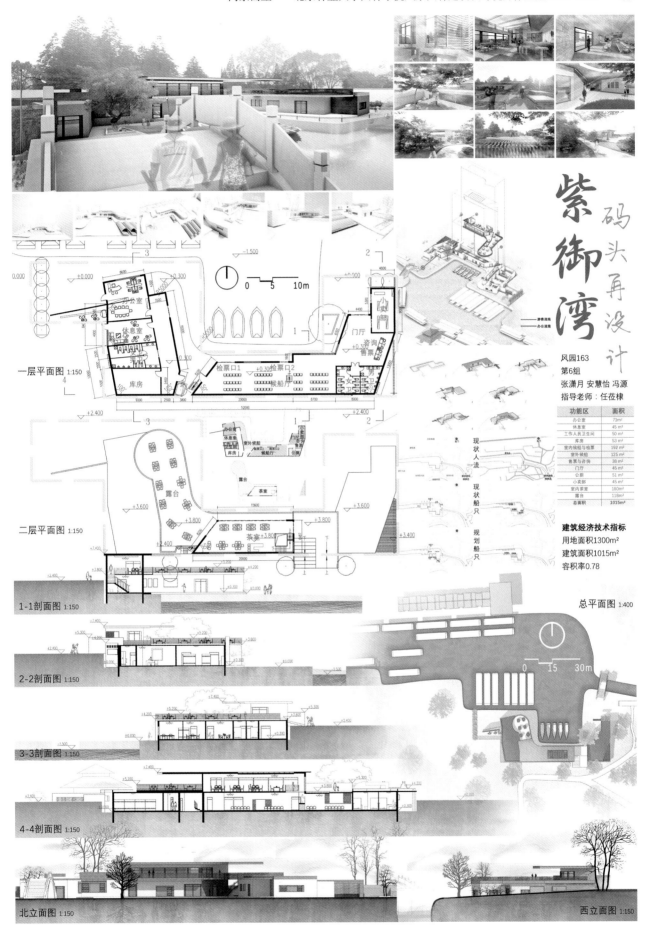

一层平面图 1:150

二层平面图 1:150

1-1剖面图 1:150

2-2剖面图 1:150

3-3剖面图 1:150

4-4剖面图 1:150

北立面图 1:150

西立面图 1:150

总平面图 1:400

紫御湾

码头再设计

风园163
第6组
张潇月 安慧怡 冯源
指导老师：任苤棣

功能区	面积
办公室	73m²
休息室	45 m²
工作人员卫生间	50 m²
库房	53 m²
室内候船与检票	192 m²
室外候船	125 m²
售票与咨询	38 m²
门厅	45 m²
公厕	51 m²
小卖部	45 m²
室内茶室	180m²
露台	118m²
总面积	1015m²

建筑经济技术指标
用地面积1300m²
建筑面积1015m²
容积率0.78

现状人流

现状船只

规划船只

作品名称：紫御湾码头再设计

设计人：风园 16-3 张潇月 安慧怡 冯源
课程名称：紫竹院码头设计

指导教师：任苤棣
作业完成日期：2018

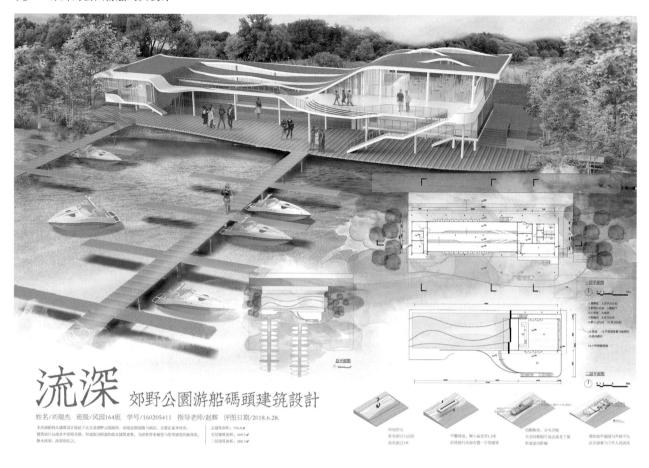

流深 郊野公園游船碼頭建筑設計

姓名/刘瑞杰　班级/凤园164班　学号/160205411　指导老师/赵辉　评图日期/2018.6.28.

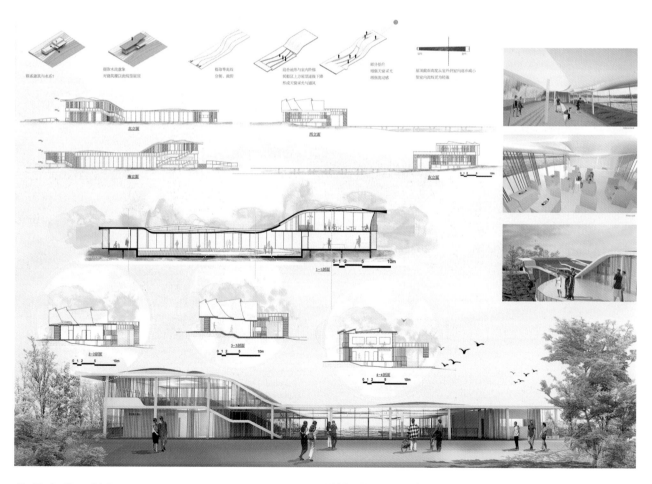

作品名称：千百渡

设计人：风园 16-4 汪娜　　　指导教师：赵辉

课程名称：游船码头设计　　　作业完成日期：2018

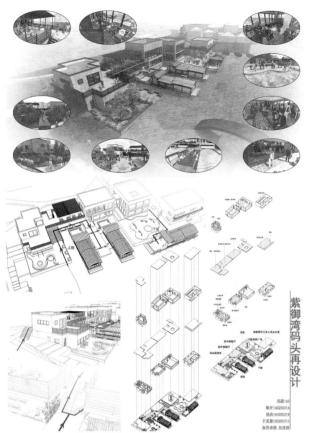

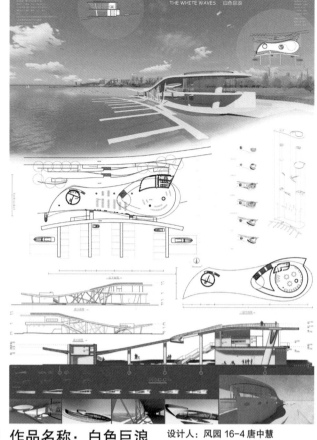

作品名称：紫御湾码头再设计

设计人：风园 16-3 陈宇 杨资 于芙蓉
指导教师：任莅棣
课程名称：紫竹院码头设计
作业完成日期：2018

作品名称：白色巨浪

设计人：风园 16-4 唐中慧
指导教师：赵辉
课程名称：游船码头设计
作业完成日期：2018

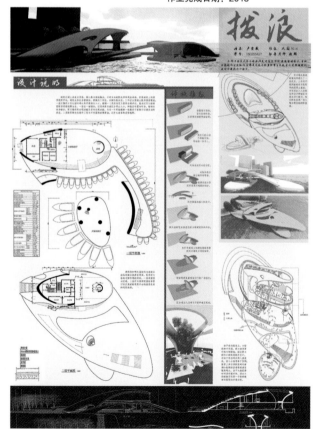

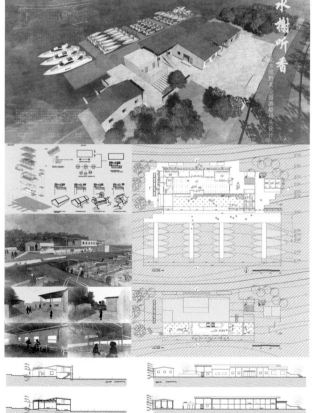

作品名称：拨浪

设计人：风园 16-4 卢紫薇
指导教师：赵辉
课程名称：游船码头设计
作业完成日期：2018

作品名称：水榭听香

设计人：风园 16-4 崔钰晗
指导教师：赵辉
课程名称：游船码头设计
作业完成日期：2018

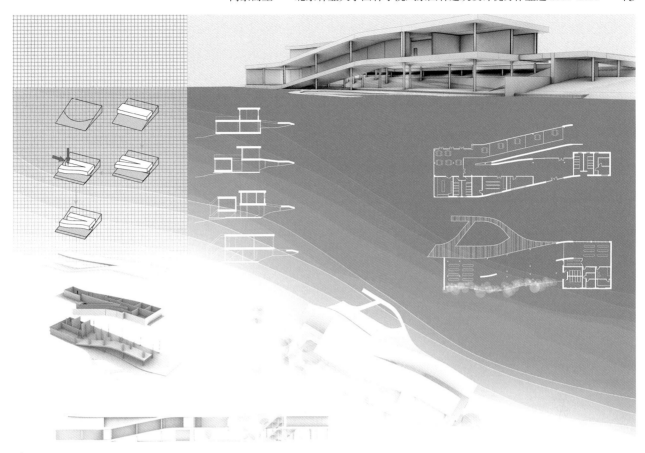

作品名称：河岸的丝带

设计人：风园 16-2 缪雨莎　　　指导教师：段威

课程名称：风景园林建筑设计　　作业完成日期：2018

苏州宅院写仿

出题思路

苏州古典私家园林是中国古典园林的精华所在，与皇家园林不同，这些园林大部分是日常居住为主的住宅的组成部分，它的空间格局受到苏州宅院空间格局的巨大影响。苏州的宅院也不同于北方的合院建筑，内部空间构成更为丰富多样，与园林一起构成了极为舒适宜人而又高雅的生活空间。

苏州宅院空间复杂多变，但是仔细研究可以发现这种复杂性是当地住宅较为简单的基本格式由于场地限制、功能需求、房屋等级变化等原因自然演变而来。对这些空间分析可以发现，通过对简单单元空间进行空间操作可以获得丰富多样的空间。

在学习苏州宅院空间手法基础上，安排学生选择较为简单的空间单元，通过空间操作形成内外交织的复杂的空间系统。

训练目标

通过该课题训练，促进学生对传统园林与建筑的学习，学习分析解读传统园林与建筑空间构成的方法，尝试分析运用抽象的方式去探讨建筑空间与外部环境的关系和构成方式，并进行针对性设计。

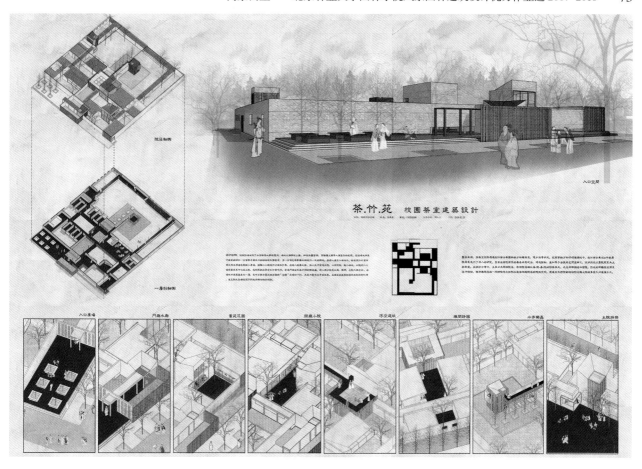

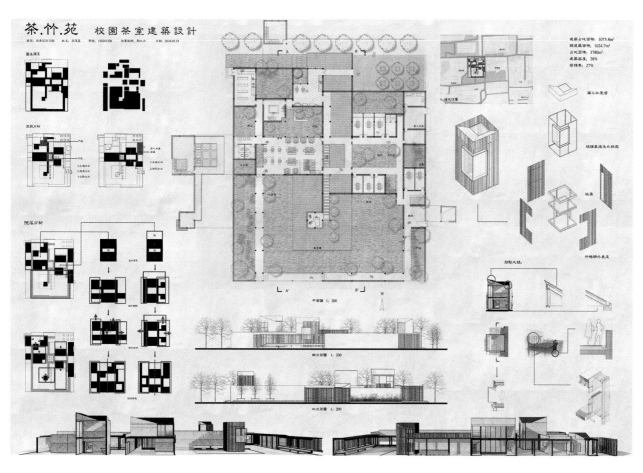

作品名称：茶竹苑

设计人：梁希 15 李雁晨　　指导教师：郦大方

课程名称：园林建筑设计　　作业完成日期：2018

庭园深深

以江南园林为基础研究庭、园关系

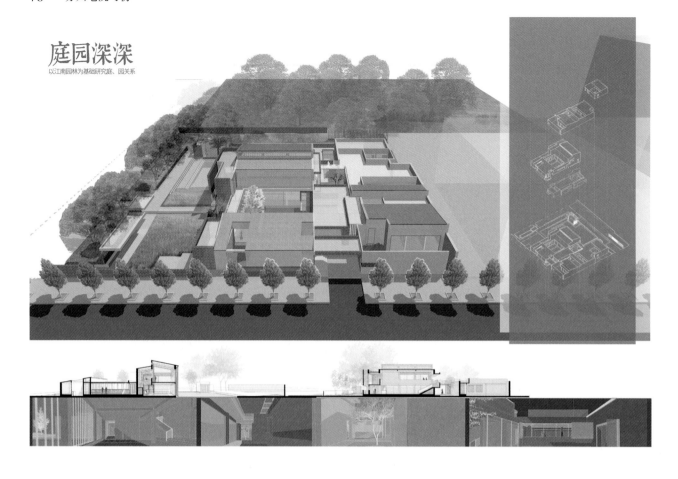

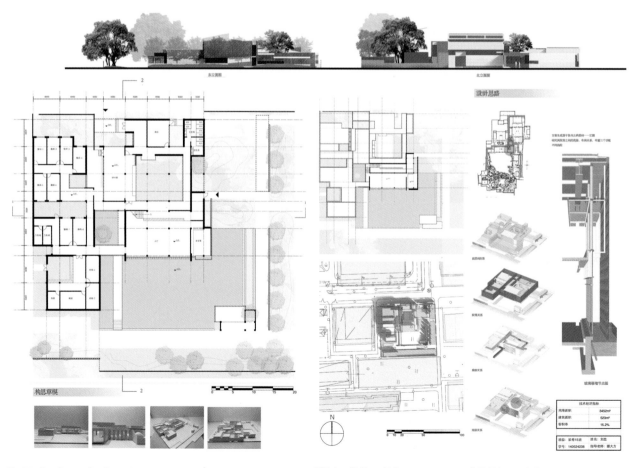

东立面图   北立面图

设计思路

构思草模

作品名称：庭院深深

设计人：梁希 15 刘恋   指导教师：郦大方
课程名称：园林建筑设计   作业完成日期：2018

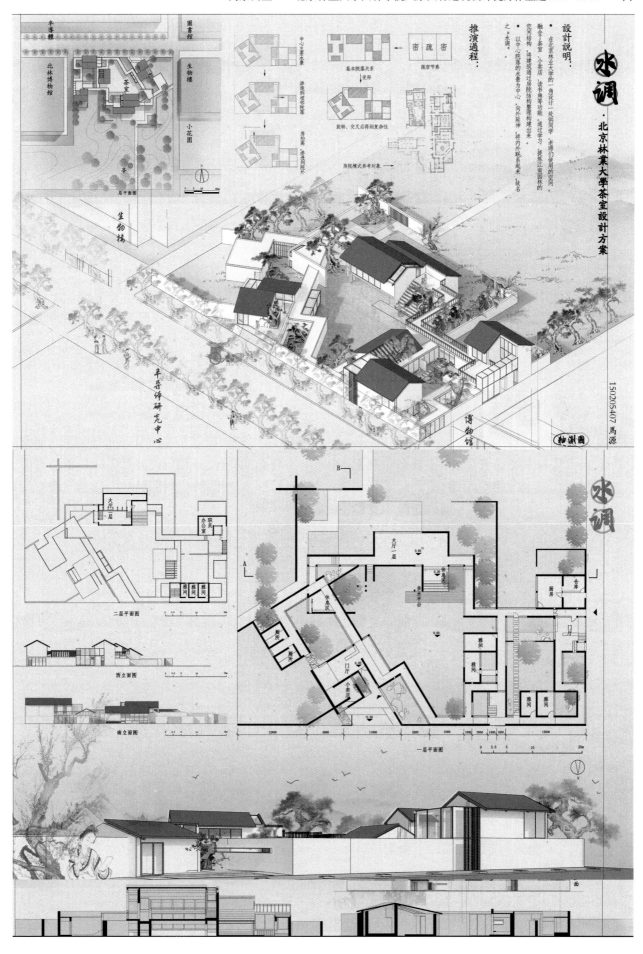

作品名称：**水调**

设计人：梁希 15 马源　　　　指导教师：郦大方
课程名称：园林建筑设计　　作业完成日期：2018

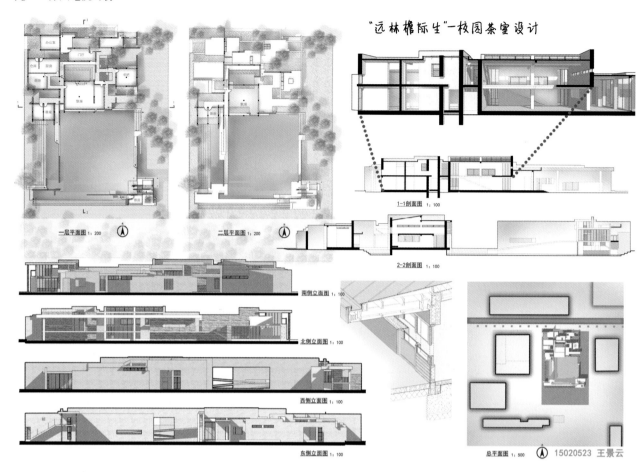

"远林檐际生"一校园茶室设计

作品名称："远林檐际生"——校园茶室设计

设计人：梁希15 王景云   指导教师：郦大方

课程名称：风景园林建筑设计   作品完成日期：2018

风景旅游区游客中心

出题思路

本课程设计作为风景园林建筑课程最后一个设计之一，安排建筑面积
2500～4000 平方米，建筑层数 3 层以下，建筑高度控制在 15 米以内，
地形条件及环境条件比较复杂的中型风景建筑设计专题。题目重点在于
从场地、功能流线、景观组织、造型、游客活动等方面探讨建筑与景区
关系。

训练目标

通过该课题的训练，使学生掌握处理功能技术比较复杂、造型艺术要求
较高的中型风景建筑的设计方法。课题强调各相关学科、专业的交叉，
树立综合意识和广义环境意识，培养学生综合解决设计问题的能力。课
程过程中重点应注意以下四方面的学习："功能追问"、"环境体验"、"技
术思考"、"空间和光"。

山 水 · 间

作品名称：山水间

设计人：园林 16-6 黄心言   指导教师：曾洪立 赵鸣
课程名称：园林建筑设计   作品完成日期：2018

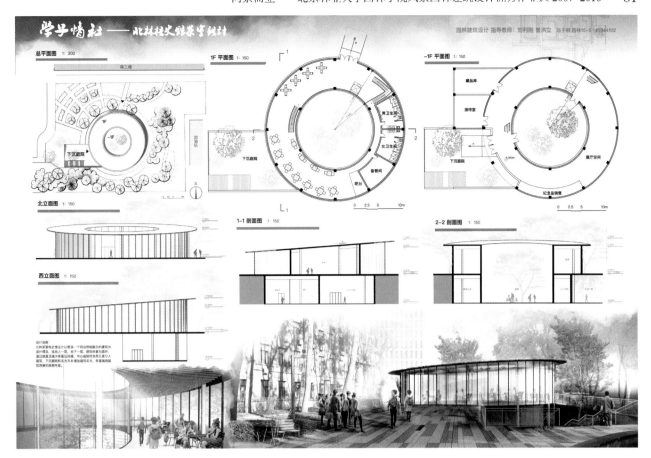

作品名称：学子情社

设计人：园林 15-5 冯子桐　　　指导教师：刘利刚 曾洪立
课程名称：园林建筑设计　　　作业完成日期：2017

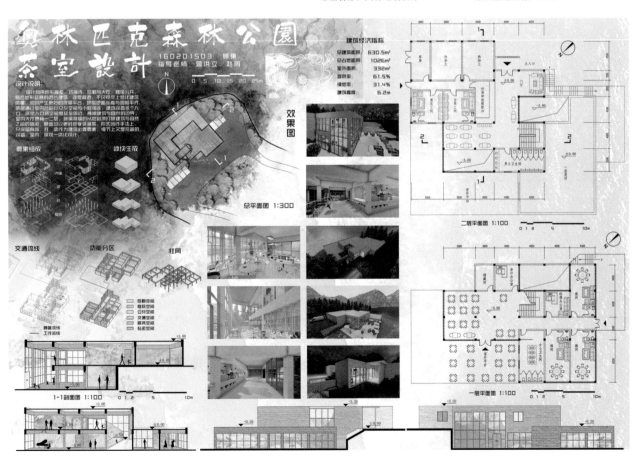

作品名称：奥林匹克森林公园茶室设计

设计人：园林 16-5 顾骧　　　指导老师：曾洪立 赵鸣
课程名称：园林建筑设计　　　作业完成日期：2019

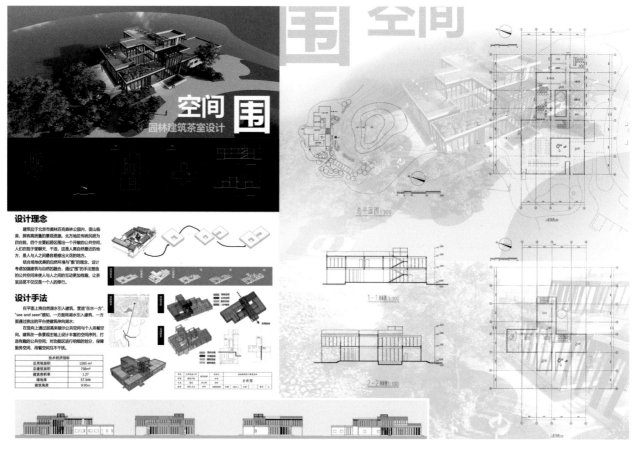

设计理念

建筑位于北京市奥林匹克森林公园内，面山临湖，拥有高质量的景观资源。北方地区传统民居为四合院，四个主要起居区围出一个开敞的公共空间，人们在院子里聊天、干活，这是人类最自然最亲近的地方，是人与人之间最容易擦出火花的地方。

结合场地优美的自然环境与"围"的理念，设计考虑建筑与自然的融合，通过"围"的手法塑造的公共空间来使人与人之间的互动更加有趣，让茶室品茗不仅仅是一个人的修行。

设计手法

在平面上将自然湖水引入建筑，营造"在水一方"、"see and seen"感知，一方面跨湖水引入建筑，一方面通过挑出的平台使建筑伸向湖水。

在竖向上通过屋廓来揭示公共空间与个人餐空间。建筑在一条景观主轴上设计丰富的空间序列，打造有趣的公共空间；对功能区进行明显的划分，保障服务空间，用餐空间互不干扰。

技术经济指标	
总用地面积	1595 m²
总建筑面积	758 m²
建筑容积率	1.27
绿地率	57.34%
建筑高度	9.90m

作品名称：空间 围

设计人：园林 16-6 来昕　　　　指导教师：曾洪立 赵鸣
课程名称：园林建筑设计　　　　作品完成日期：2019

设计说明：

本建筑坐落于北坞公园，原址为湖畔亭廊，建筑设计时巧妙利用原有景观进行建筑构造的安排，使得建筑既能满足人们日常生活的需求，又能提供给使用者丰富的、具有趣味的空间来休息，观景，社交。建筑通过形态上和功能上与环境的融合和开放，给人们以更亲切的体验。

**风景园林建筑设计
——北坞公园活动中心设计**

风园13-2班
杨晴
130354215
指导教师：
郦大方 段威

作品名称：北坞公园活动中心设计

设计人：风园 13-2 杨晴　　　　指导教师：郦大方 段威
课程名称：园林建筑设计　　　　完成日期：2015

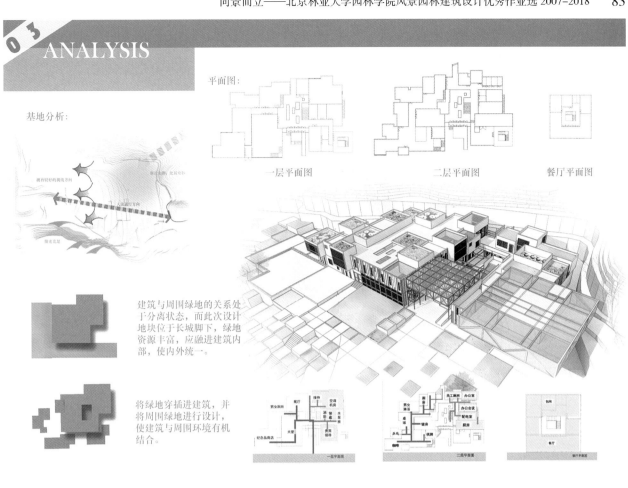

ANALYSIS

基地分析：

平面图：

一层平面图　　　　二层平面图　　　　餐厅平面图

建筑与周围绿地的关系处于分离状态，而此次设计地块位于长城脚下，绿地资源丰富，应融进建筑内部，使内外统一。

将绿地穿插进建筑，并将周围绿地进行设计，使建筑与周围环境有机结合。

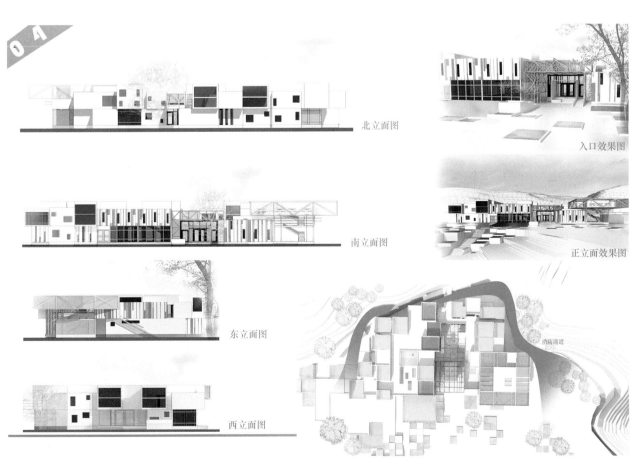

北立面图

南立面图

东立面图

西立面图

入口效果图

正立面效果图

消防通道

作品名称：City Flower-stand

设计人：风园 10-2 张萌　　　　指导教师：秦岩 刘利刚
课程名称：园林建筑设计　　　　作业完成日期：2013

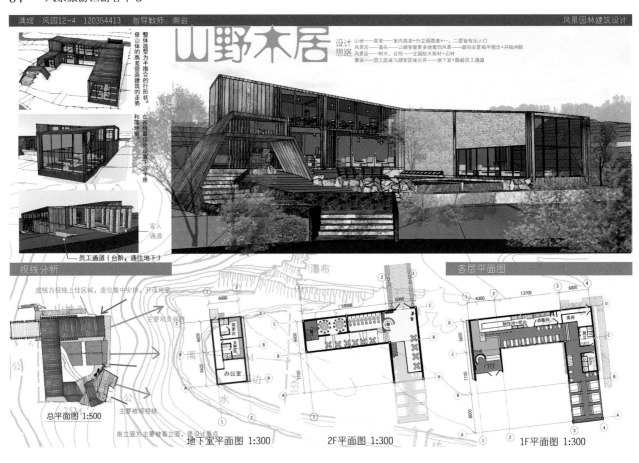

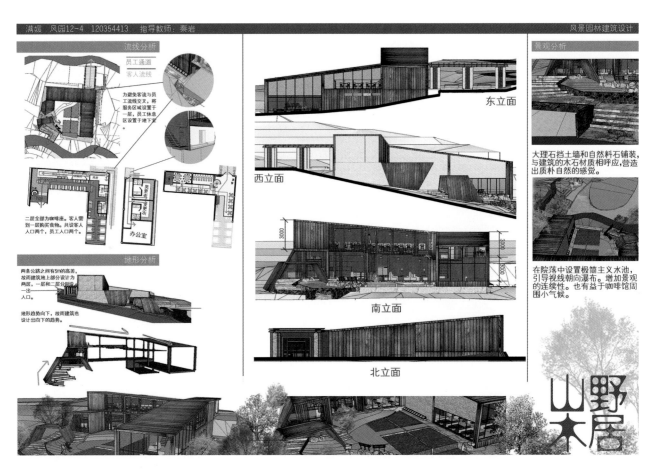

作品名称：山野木居

设计人：风园 12-4 满媛　　指导教师：秦岩
课程名称：园林建筑设计　　作业完成日期：2014

长城游客中心
THE GREAT WALL

设计说明

此次的设计作品是在可以俯瞰长城的游客中心，设计表达对于长城以及中国历史文化的尊敬，同时面朝西边连接道路，对场地进行一定的呼应。

本次设计的建筑是半地下的，建筑对于光有需求的，所以设计了一系列的小节点保证其采光。

次入口

主入口

功能分析
绿色为餐饮区，
红色为娱乐去，
黄色为后台服务
区，其余为联通
的公共服务区。

流线分析
将客流和员工流
线完全分开，红
色为客流，蓝色
为员工流线。

较好的视线

较好的阳光

1:300

北立面图

南立面图

西立面图

东立面图

总建筑面积　2620m²
建筑占地面积 1600m²
建筑层数 3 层
建筑层高 4m
停车数 地上12辆

针对现有游客中心主题性部不足的劣势，同时也继承其对场地良好的呼应。

思路构想

长城概念

姓名：
刘玉
班级：
风园13-4
学号：
130354422
指导老师：
秦岩

一层平面图

二层平面图

三层平面图
1:300

长城游客中心
THE GREAT WALL

内庭

借鉴传统的四合院模式围和成一个院落

错落的光影效果

餐厅楼梯

公共空间楼梯

生态草坡

作品名称：长城游客中心

设计人：风园 13-4 刘玉
课程名称：园林建筑设计

指导教师：秦岩
作业完成日期：2015

作品名称：长城脚下的公社游客中心设计

设计人：风园 13-4 奚秋慧   指导教师：秦岩
课程名称：园林建筑设计   作业完成日期：2015

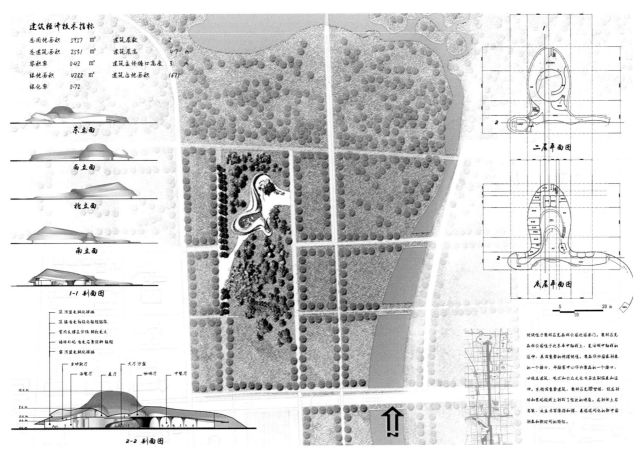

作品名称：一叶·奥森游客中心设计

设计人：风园 14-4 胡婧宜
课程名称：园林建筑设计

指导教师：秦岩 刘利刚
作业完成日期：2016

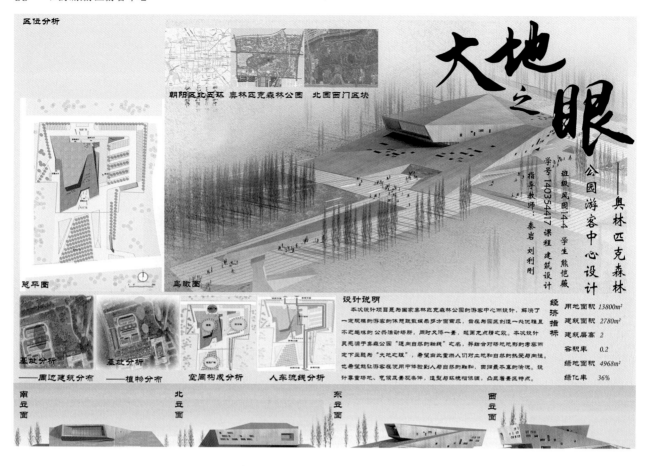

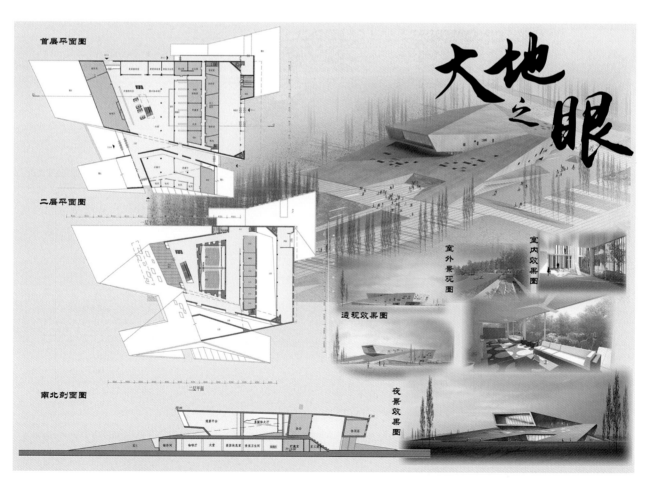

作品名称：大地之眼
——奥林匹克森林公园游客中心设计

设计人：风园 14-4 熊恺薇
课程名称：园林建筑设计

指导教师：秦岩 刘利刚
作业完成日期：2016

平面图

分析图

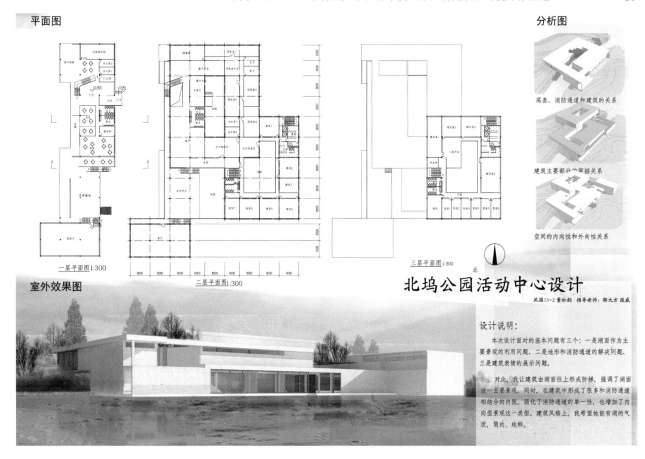

高差、消防通道和建筑的关系

建筑主要部分的穿插关系

空间的内向性和外向性关系

一层平面图1:300

二层平面图1:300

三层平面图1:300

北

室外效果图

北坞公园活动中心设计

风园13-2 董杜韵　指导老师：郦大方 段威

设计说明：

本次设计面对的基本问题有三个：一是湖面作为主要景观的利用问题、二是地形和消防通道的解决问题、三是建筑表情的展示问题。

对此，我让建筑由湖面往上形成阶梯，强调了湖面这一主要景观。同时，在建筑中形成了很多和消防通道相结合的内院，弱化了消防通道的单一性，也增加了内向型景观这一类型。建筑风格上，我希望她能有湖的气质，简约、纯粹。

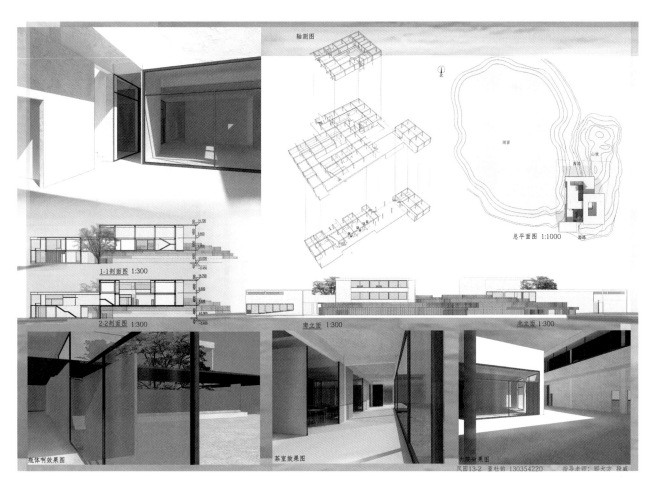

轴测图

北

总平面图 1:1000

1-1剖面图 1:300

2-2剖面图 1:300

南立面 1:300

北立面 1:300

砼体剖效果图

茶室效果图

内院效果图

风园13-2 董杜韵 130354220　指导老师：郦大方 段威

作品名称：北坞公园活动中心设计

设计人：风园 13-2 董杜韵　　　　指导教师：郦大方

课程名称：园林建筑设计　　　　　作业完成日期：2015

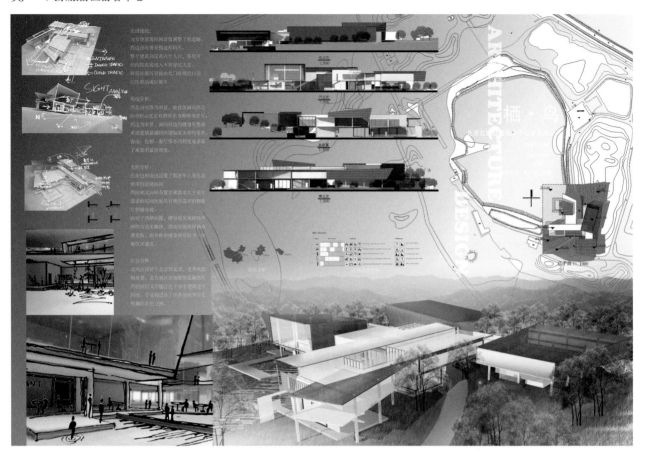

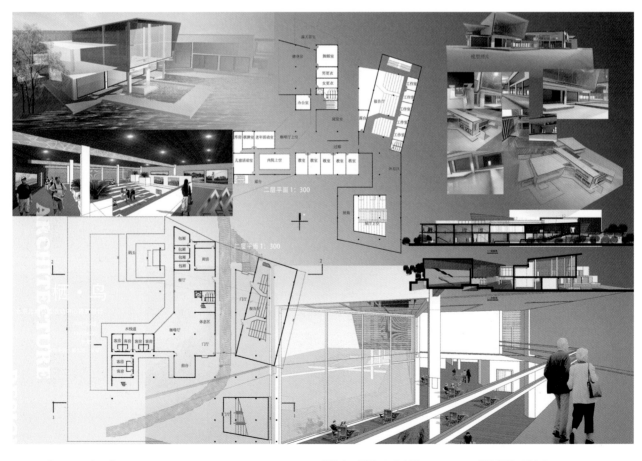

作品名称：栖鸟

设计人：风园 13-2 李默　　　指导教师：郦大方
课程名称：园林建筑设计　　　作业完成日期：2015

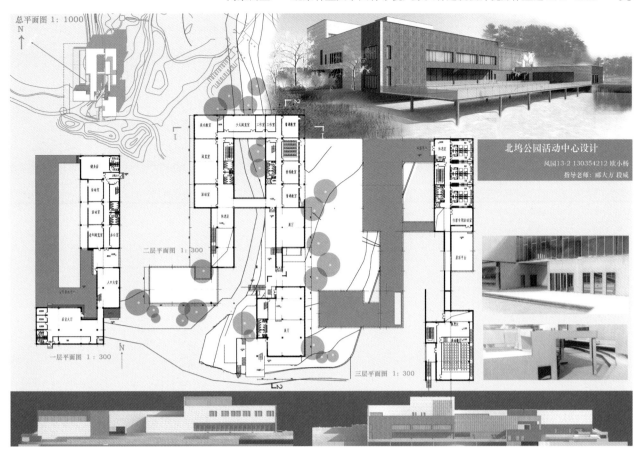

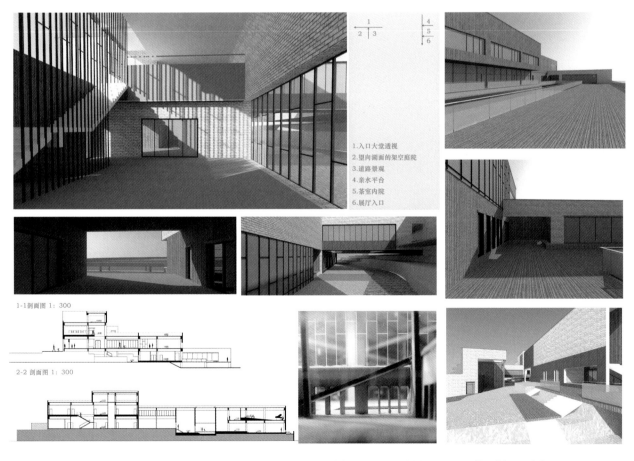

作品名称：北坞公园活动中心设计

设计人：风园 13-2 欧小杨　　　　指导教师：郦大方

课程名称：园林建筑设计　　　　作业完成日期：2015

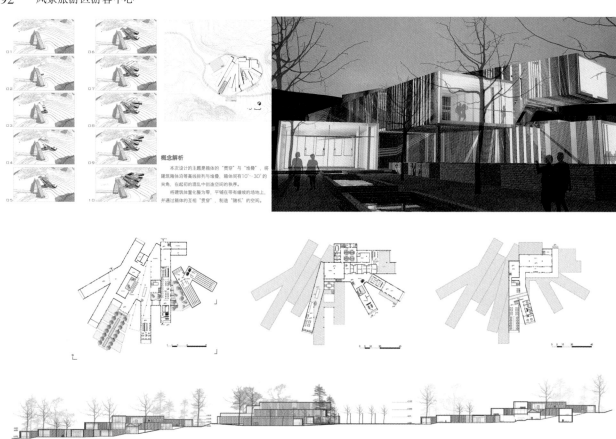

概念解析

本次设计的主题是箱体的"贯穿"与"堆叠"，将建筑箱体沿基线排列与堆叠，箱体间有10°~30°的夹角，在起初的混乱空间中创造性的秩序。

将建筑体堆整化繁为零，平铺在带有坡度的场地上，并通过箱体的互相"贯穿"，制造"随机"的空间。

作品名称：长城脚下的公社会所设计

设计人：风园 09-2 张子豪　　　指导教师：秦岩 刘利刚
课程名称：园林建筑设计　　　　作业完成日期：2012

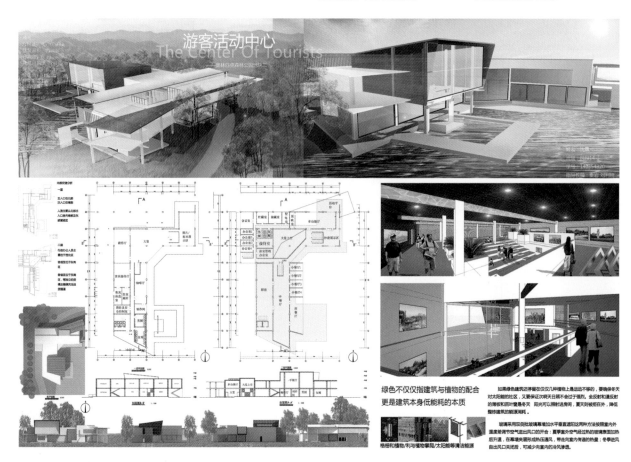

绿色不仅仅指建筑与植物的配合更是建筑本身低能耗的本质

如果绿色建筑还停留在仅仅几种植物上是远远不够的，要确保冬天对太阳能的社区，又要保证太阳日照不会过于强烈。全反射和漫反射的薄板和百叶能使冬天日光可以照射进房间，夏天则被挡在外，降低整栋建筑的能源耗能。

玻璃采用双侧此玻璃幕墙增加水平重直遮阳这两种方法按限室内外温度来调节空气进出风口的开合：夏季室外空气经过热的玻璃幕面后升温，在幕墙夹层形成热压通风，带走向室内传递的热量；冬季进风自出风口关闭后，可以减少向室内的冷风渗透。

作品名称：奥林匹克森林公园游客活动中心

设计人：风园 14-3 沈霖　　　　指导教师：秦岩 刘利刚
课程名称：园林建筑设计　　　　作业完成日期：2016

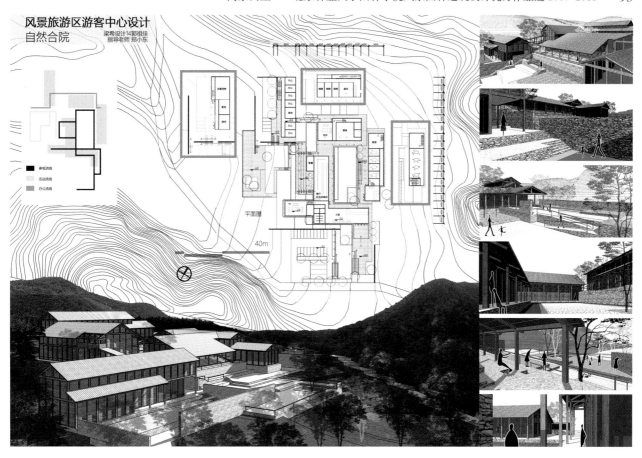

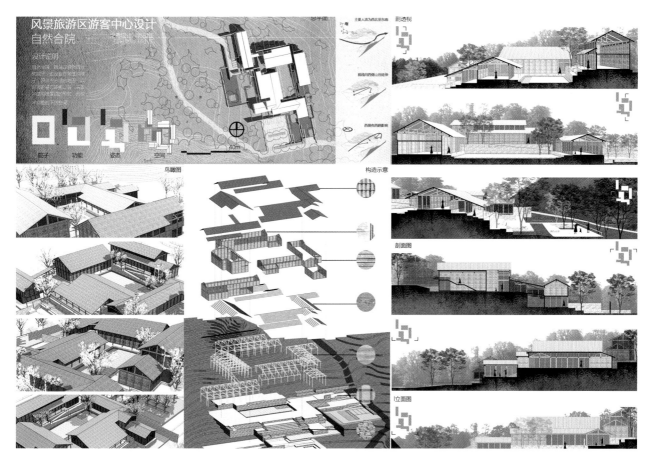

作品名称：风景旅游区游客中心设计
——自然合院

设计人：梁希 14 郭祖佳   指导教师：郑小东

课程名称：游客中心设计   作业完成日期：2016

作品名称：长城脚下公社——游客中心设计

设计人：梁希14刘昱希　　　　指导教师：郑小东

课程名称：游客中心设计　　　　作业完成日期：2016

作品名称：公社大院

设计人：梁希 14 刘煜彤　　　指导教师：郑小东
课程名称：游客中心设计　　　作业完成日期：2016

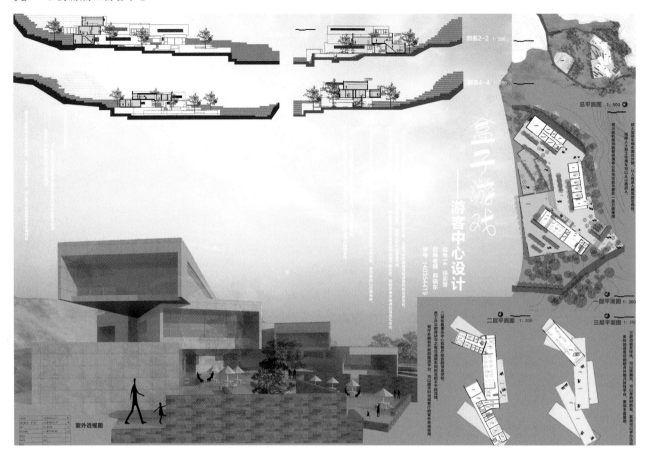

作品名称：盒子游戏

设计人：梁希 14 徐奕菁
课程名称：游客中心设计

指导教师：郑小东
作业完成日期：2016

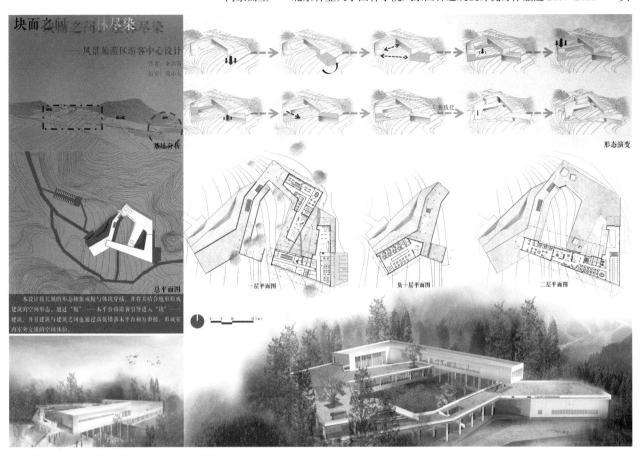

作品名称：块面之间，层林浸染

设计人：梁希 14 余启笛   指导教师：郑小东

课程名称：游客中心设计   作业完成日期：2016

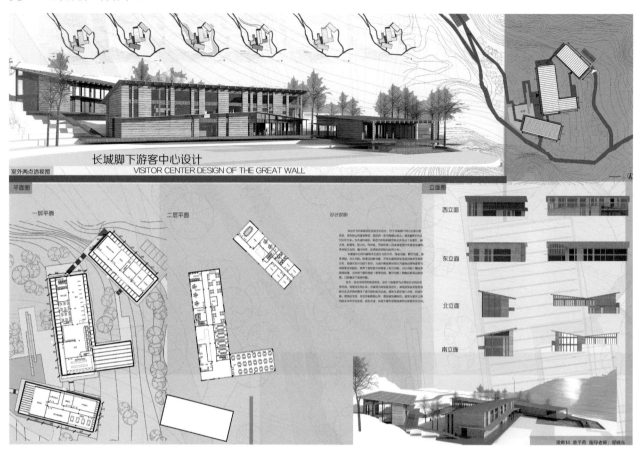

作品名称：长城脚下游客中心设计

设计人：梁希14 池子荷   指导教师：郑小东
课程名称：游客中心设计   作业完成日期：2016

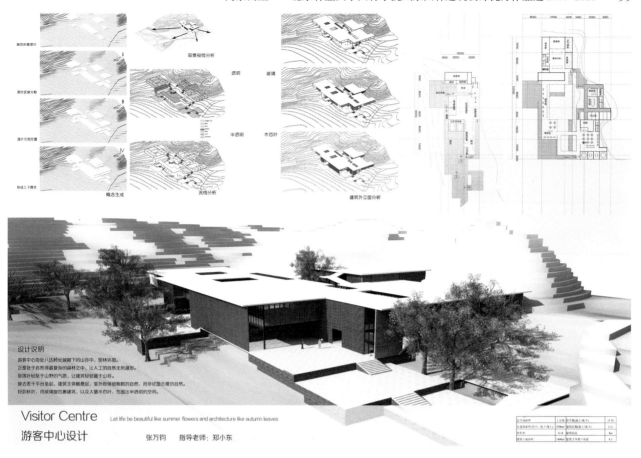

Visitor Centre
Let life be beautiful like summer flowers and architecture like autumn leaves

游客中心设计

张万钧　　指导老师：郑小东

设计说明

游客中心由处八达岭长城脚下的山谷中，密林环抱。
正因处于自然得最复杂的森林之中，让人工的自然无所遁形。
取落叶轻坠于山野的气质，让建筑轻轻置于山谷。
除去若干平台垒起，建筑主体略悬起，室外即保留粗糙的自然，而奇试图去模仿自然。
轻卧秋计，用玻璃里包裹建筑，以及大量木百叶，包图出半透明的空间。

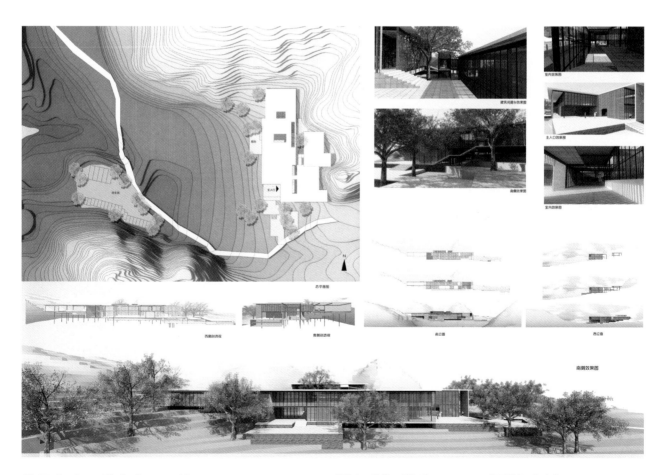

作品名称：游客中心设计

设计人：梁希 14 张万钧　　　　指导教师：郑小东
课程名称：游客中心设计　　　　作业完成日期：2016

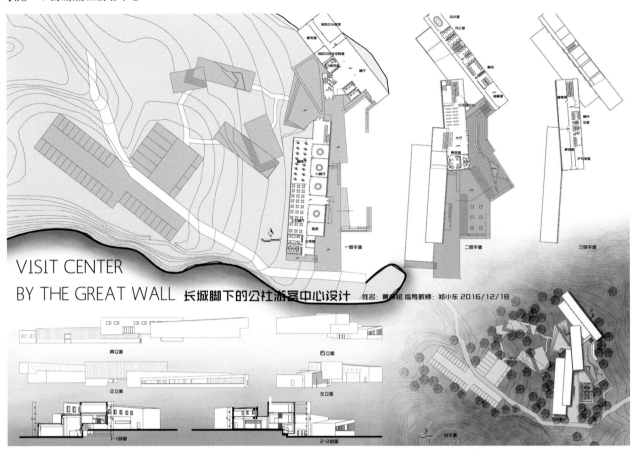

VISIT CENTER
BY THE GREAT WALL 长城脚下的公社游客中心设计 姓名：黄槟铭 指导教师：郑小东 2016/12/18

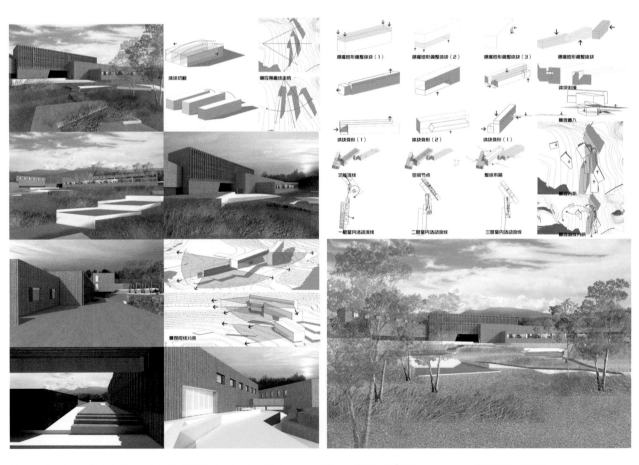

作品名称：长城脚下的公社游客中心设计

设计人：梁希 14 黄槟铭   指导教师：郑小东
课程名称：游客中心设计   作业完成日期：2016

校园建筑

出题思路

相较于居住、茶室之类的小型建筑不同，中型公共建筑有不同的功能和空间组成规律、形体组织方式、材料运用方式，较大的建筑体量和更为复杂的功能使得建筑与外部景观的关系更为复杂，公关建筑中各种规范的问题更为突出。通过公关建筑设计的训练有助于加强学生对交通流线、尺度、空间秩序等问题的理解。

公关建筑设计相对难度较大，校园是学生熟悉的环境，校园建筑功能和建筑氛围学生感受深刻，选择校园公关建筑与环境进行设计训练，有助于学生克服陌生感，能更好地从自身体验入手进行设计。

训练目标

通过该课题训练，学习中型公共建筑设计的方法，进一步加深对场地、功能、空间、造型、材料等问题及其关系的理解，初步认识设计规范对于设计的影响，强化建筑与外部景观互动设计。

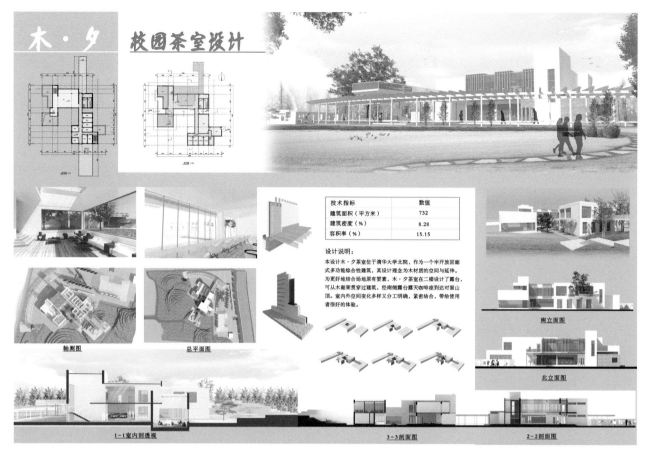

作品名称：校园沙龙

设计人：风园 15-2 关书怡　　指导教师：郦大方 段威
课程名称：风景园林建筑设计　　作业完成日期：2016

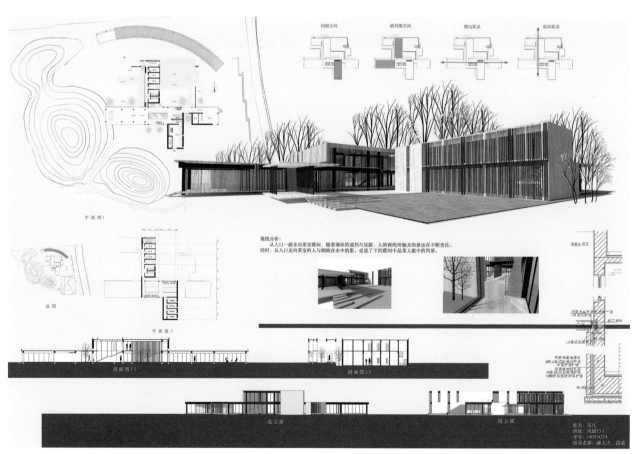

作品名称：校园沙龙

设计人：风园 15-1 吴凡　　指导教师：郦大方 段威
课程名称：风景园林建筑设计　　作业完成日期：2016

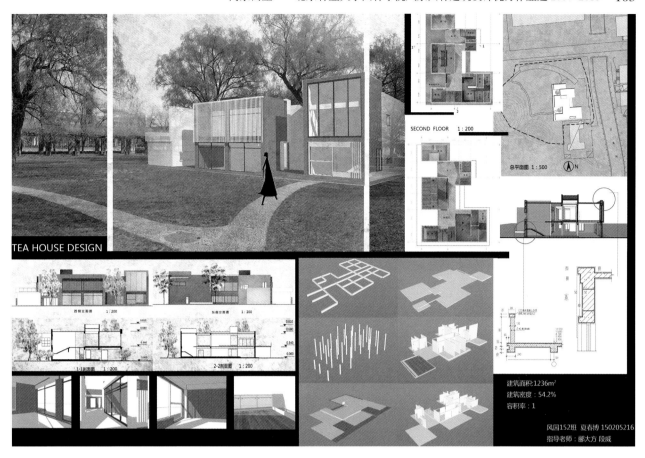

作品名称：校园沙龙

设计人：风园 15-2 夏春博　　指导教师：郦大方 段威
课程名称：风景园林建筑设计　　作业完成日期：2016

作品名称：校园沙龙

设计人：风园 15-2 杨轶伦　　指导教师：郦大方 段威
课程名称：风景园林建筑设计　　作业完成日期：2016

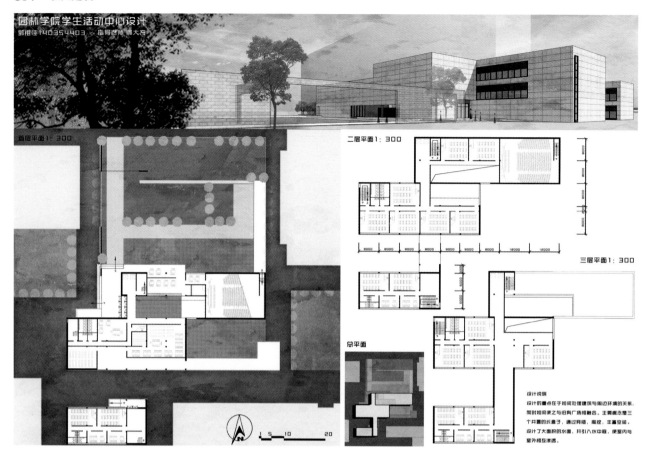

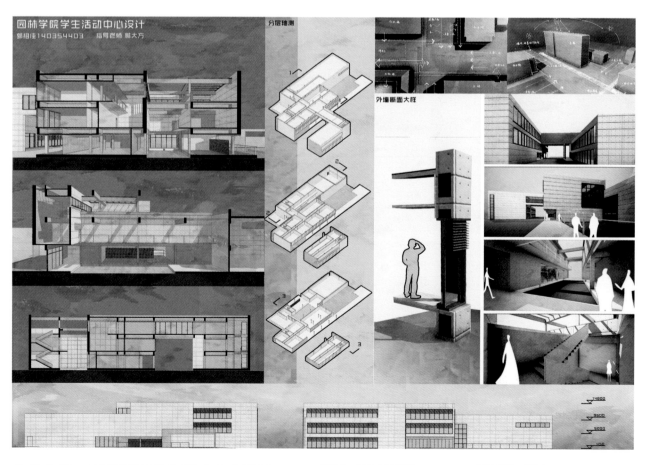

作品名称：园林学院学生活动中心设计

设计人：梁希 14 郭祖佳

指导教师：郦大方

课程名称：风景园林建筑设计

作业完成日期：2015

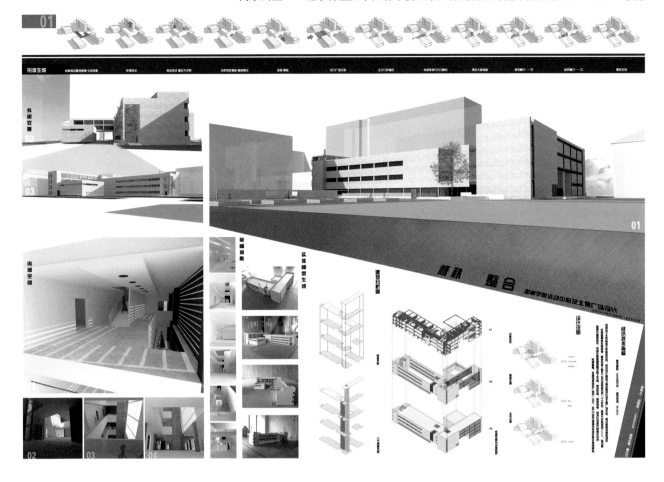

作品名称：园林学院活动中心

设计人：梁希 14 刘煜彤　　　　指导教师：郦大方
课程名称：风景园林建筑设计　　作业完成日期：2015

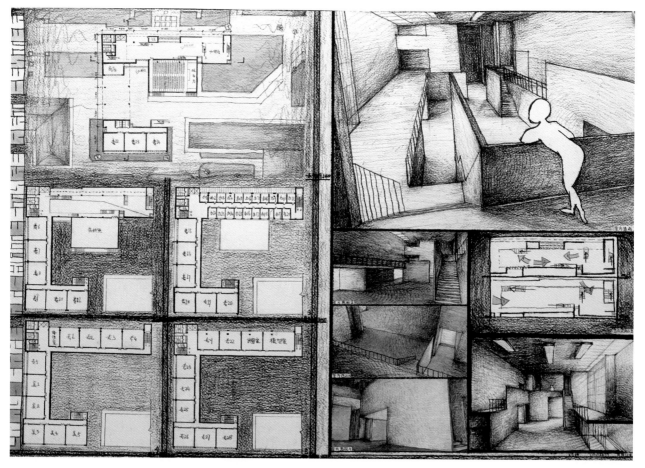

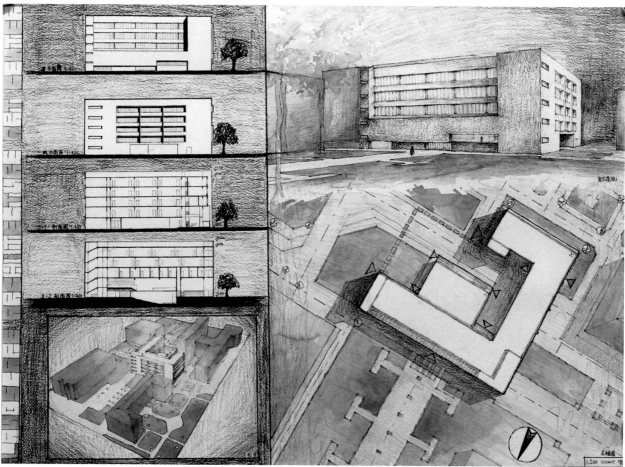

作品名称：**园林学院活动中心**

设计人：风园 13-4 王芷妍　　　指导教师：郦大方
课程名称：风景园林建筑设计　　作业完成日期：2014

修补·整合

园林学院活动中心设计

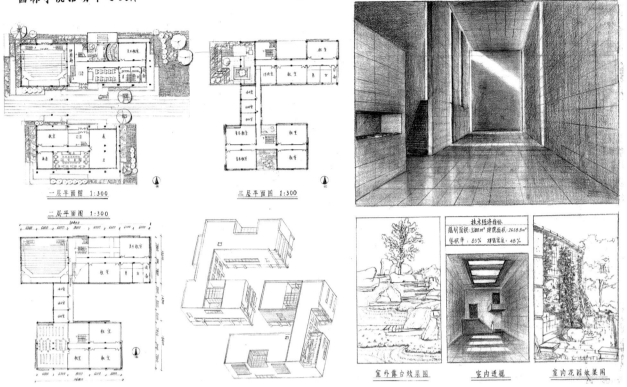

一层平面图 1:300
三层平面图 1:300
二层平面图 1:300

室外露台效果图　室内透视　室内花园效果图

修补·整合

园林学院活动中心设计

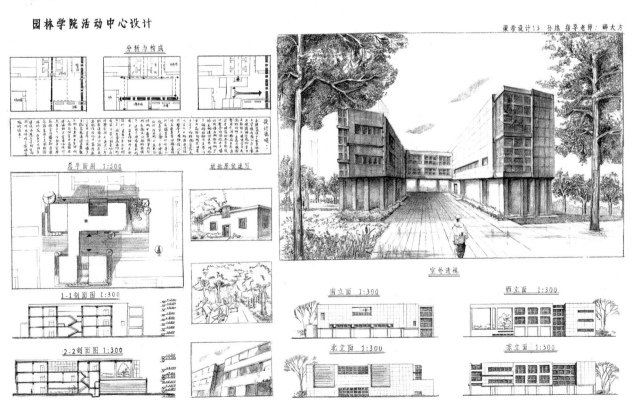

分析与构成

总平面图 1:500
1-1剖面图 1:300
2-2剖面图 1:300

室外透视

南立面 1:300
西立面 1:300
北立面 1:300
东立面 1:300

作品名称：园林学院活动中心

设计人：梁希 13 孙越　　　　指导教师：郦大方
课程名称：风景园林建筑设计　作业完成日期：2014

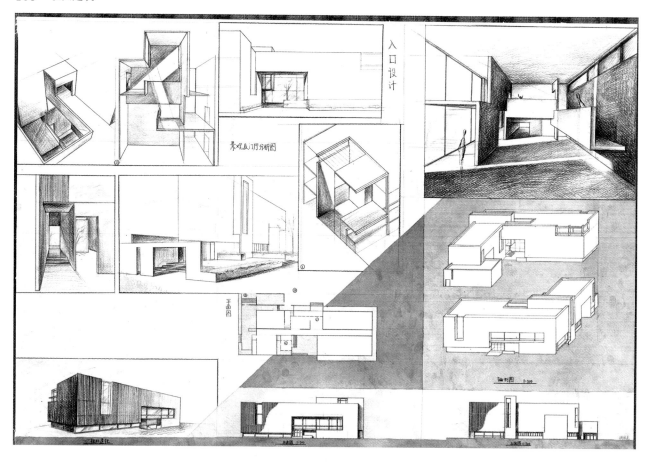

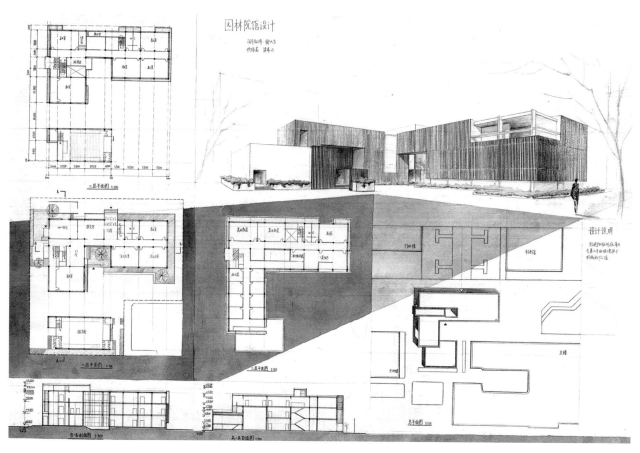

作品名称：园林学院活动中心

设计人：梁希 13 杨依茗   指导教师：郦大方
课程名称：风景园林建筑设计   作业完成日期：2014

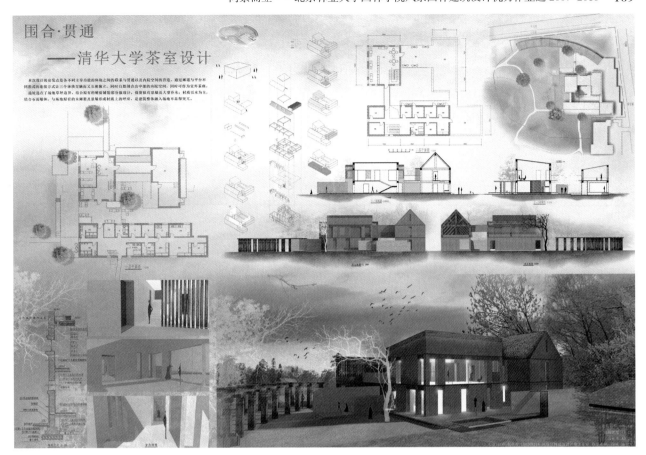

围合·贯通
——清华大学茶室设计

作品名称：校园沙龙

设计人：风园 15-2 任亦询　　　指导教师：郦大方 段威

课程名称：风景园林建筑设计　　作业完成日期：2016

社区中心

出题思路

本课题为风景园林建筑课最后阶段的设计题目之一，设置了建筑面积3000 平方米左右、功能较为复杂的建筑设计题目。除了地形条件等自然环境因素，题目还加入了场地文脉、社区营造等人文方面的内容。题目的重点在于从地形、功能、流线、居民交往活动等多方面进行整合的能力训练。

训练目标

通过本课程的学习，使学生掌握处理功能技术比较复杂、造型艺术要求较高的中型建筑的设计方法；巩固和发展建筑设计的基本能力，建立可持续发展的建筑设计观念；关注建筑的地域文化特征；培养建筑设计的创意能力。

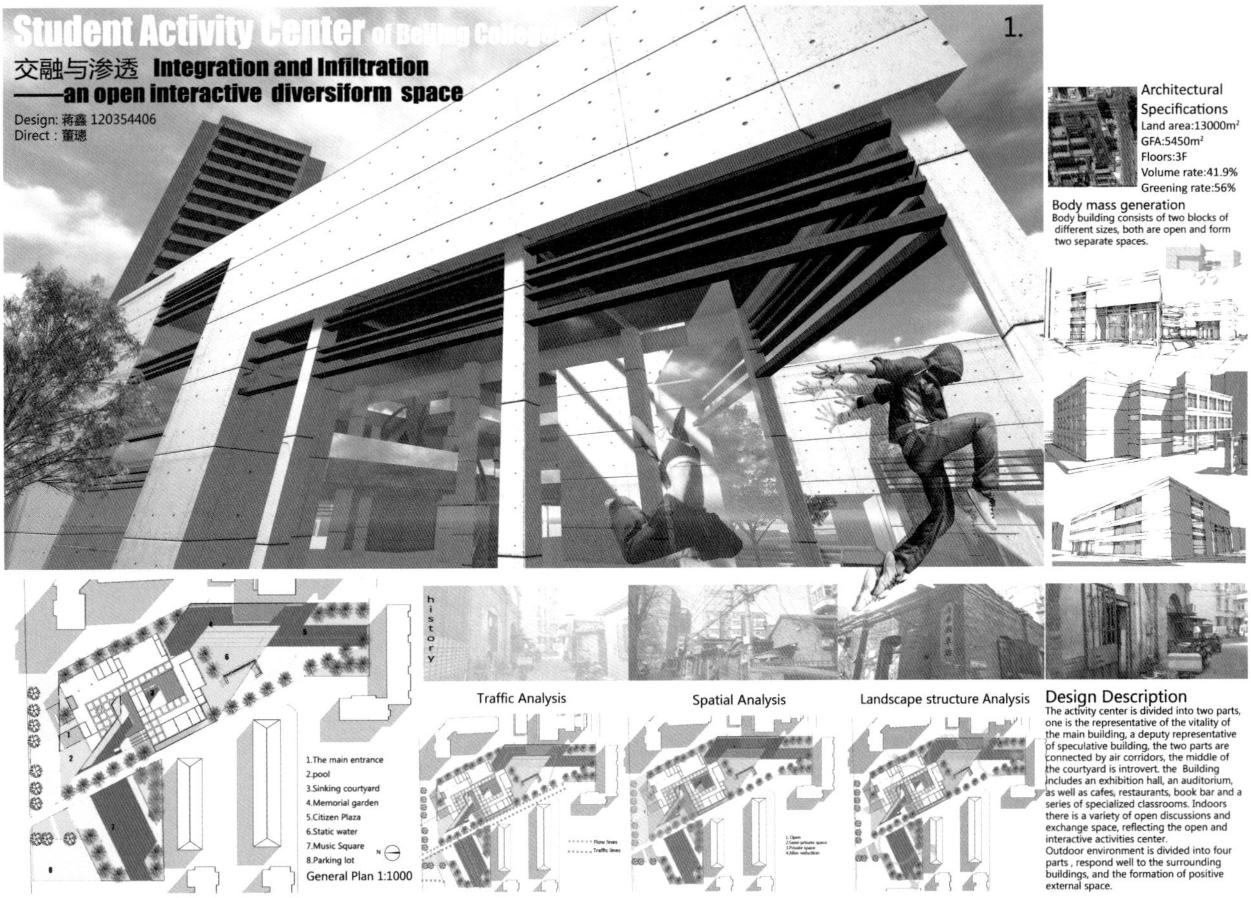

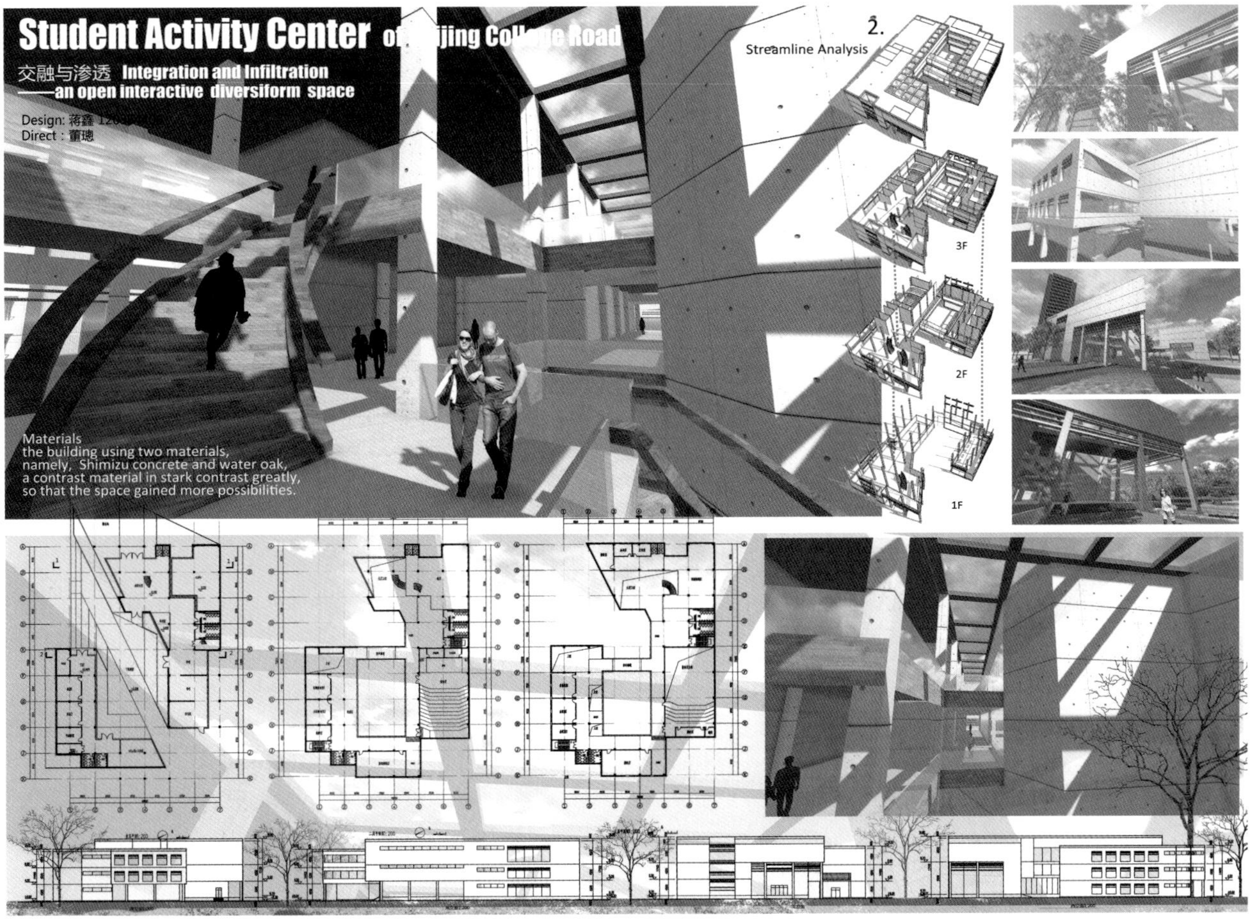

作品名称：北京学院路大学生活动中心

设计人：梁希 12 蒋鑫

指导教师：董璁

课程名称：建筑设计 2

作业完成日期：2014

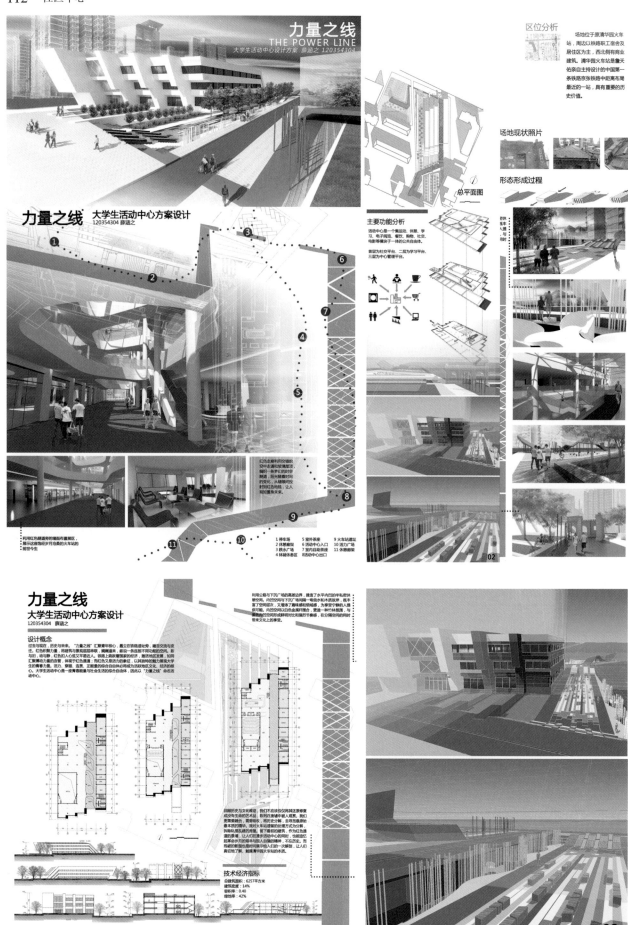

力量之线
THE POWER LINE
大学活动中心设计方案 薛涵之 120354304

区位分析
场地位于原清华园火车站，周边以铁路职工宿舍及居住区为主，西北侧有商业建筑。清华园火车站是詹天佑亲自主持设计的中国第一条铁路京张铁路中距离布周最近的一站，具有重要的历史价值。

场地现状照片

形态形成过程

力量之线 大学生活动中心方案设计
120354304 薛涵之

主要功能分析
活动中心是一个集运动、休憩、学习、电子阅览、餐饮、购物、社交、电影等横成一体的公共自由体。
首层为社交平台、二层为学习平台、三层为中心管理平台。

1 停车场   5 室外茶座   9 火车站遗址
2 休憩躺椅   6 活动中心入口 10 活力广场
3 跌水广场   7 室内自助茶座 11 休憩廊架
4 林荫休息区 8 活动中心出口

红色走廊利用交错的空中走道和架情屋顶，编织一条梦幻的时空隧道，形光随着时间的变化，从楼廊的反时间红色地贴，让人仿如置身未来。

利用红色楼廊边的墙面布置展区，展示这座饱经岁月沧桑的火车站的前世今生

02

力量之线
大学生活动中心方案设计
120354304 薛涵之

设计概念
过去与现在、历史与未来，"力量之线"汇聚青年核心，直立在铁路遗址旁，被目交洗与变迁。红色矿聚力量，将建筑与景观园区相联系，横纳温典，将一条连接不同功能的分隔。新与旧、动与静。红色扎入低又平缓近人、铁路上就红色管面新的活力，激活场地发展，如同汇聚爆发的力量的脊管，体现于红色通道、而红色又是活力的象征、以其独特的魅力展现大学生的青春力活力、梦想、温暖。正展整合自由体的构成方式跃跃地区文化、经济的核心，大学生活动中心是一座青年能量与社会生活的综合自由体，因此以"力量之线"命名活动中心。

利用公路与下沉广场的高差边界，营造了水平内空的半私密休憩空间，内空包含与下沉广场周一等流水和水质处理，既丰富了趣味感和领域感，为享受宁静的人提供回眸，为活动空间以白色金属杆聚合，营造一种竹林氛围，与周围的红色通道形成鲜明对比和强烈的视觉冲击，在分隔空间的同时带来文化上的享受。

回顾历史与文化概览，我们应该仅仅修其及还原棒复成没有生命的艺术品。陈列的直透中以融人观赏。我们更重要融合，需要听力，利用半分解，去寻思最原始的景观。我们尽本达融理的情感，留下最初的感受。营造一种竹林氛围。与周围的红色通道的景观对比以利激的鲜明，不忘历史。而青岛破的面孔也是的清华小之切历身份人们的一次新思、让人切真切地了解，触摸清华园火车站的本质。

技术经济指标
总建筑面积：6257平方米
建筑密度：14%
容积率：0.40
绿化率：42%

02

作品名称：力量之线

设计人：梁希 12 薛涵之   指导教师：董璁
课程名称：建筑设计 2   作业完成日期：2014

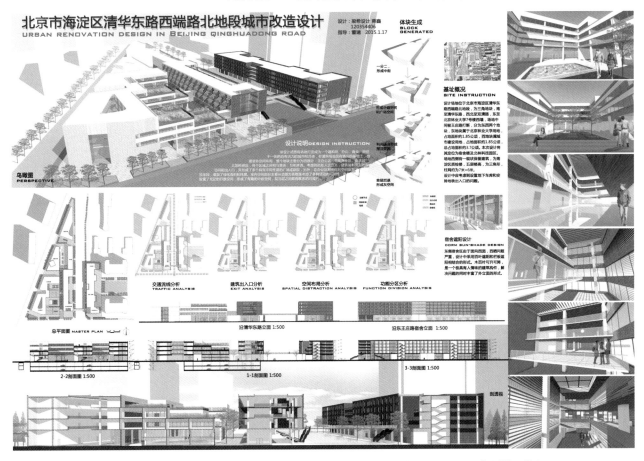

作品名称：清华东路西端路北地段城市改造

设计人：梁希 12 蒋鑫　　指导教师：董璁

课程名称：建筑设计 2　　作业完成日期：2015

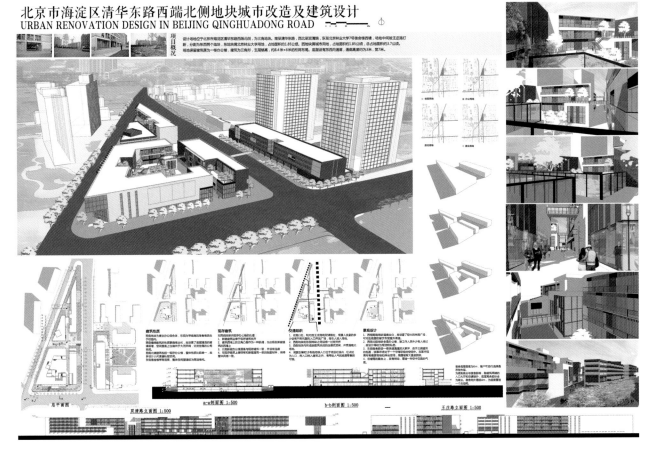

作品名称：清华东路西端路北地段城市改造

设计人：梁希 12 满媛　　指导教师：董璁

课程名称：建筑设计　　作业完成日期：2015

建筑向园林的回归——清华东路西端北侧地块城市改造及建筑设计

风园12-4 魏庭芳 120354401　　指导教师：董璁

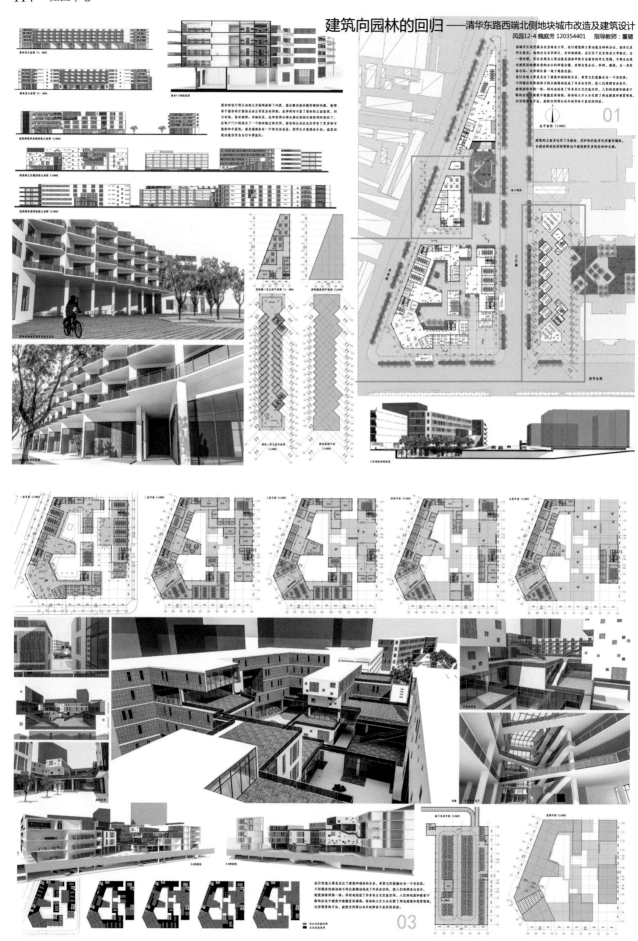

作品名称：清华东路西端北侧地块城市改造及建筑设计

设计人：梁希 12 魏庭芳　　指导教师：董璁

课程名称：建筑设计 2　　作业完成日期：2014

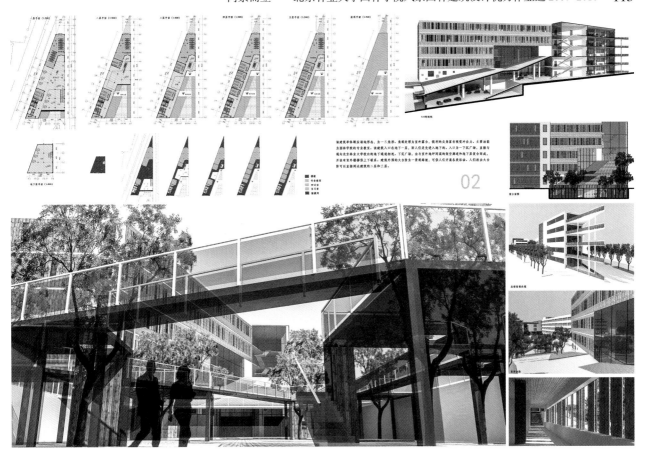

作品名称：清华东路西端北侧地块城市改造及建筑设计

设计人：梁希 魏庭芳　　指导教师：董璁

课程名称：建筑设计2　　作业完成日期：2014

作品名称：极简·纯粹

设计人：梁希 12 吴彦霖　　指导教师：郦大方 段威

课程名称：园林建筑设计　　作业完成日期：2014

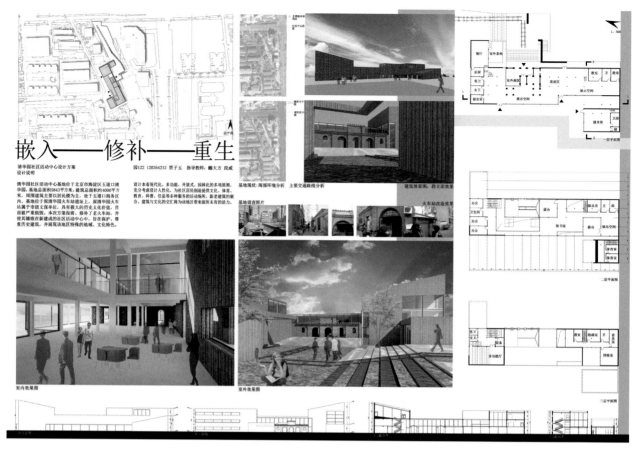

作品名称：嵌入——修补——重生

设计人：风园 12-2 贾子玉　　　指导教师：郦大方 段威
课程名称：园林建筑设计　　　作业完成日期：2014

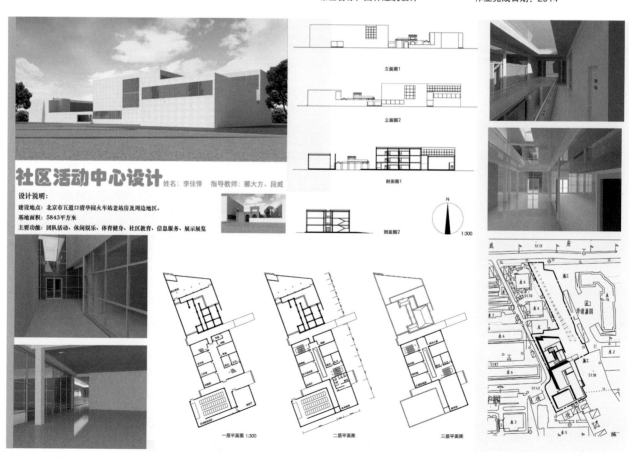

作品名称：社区活动中心设计

设计人：风园 12-2 李佳恺　　　指导教师：郦大方 段威
课程名称：园林建筑设计　　　作业完成日期：2014

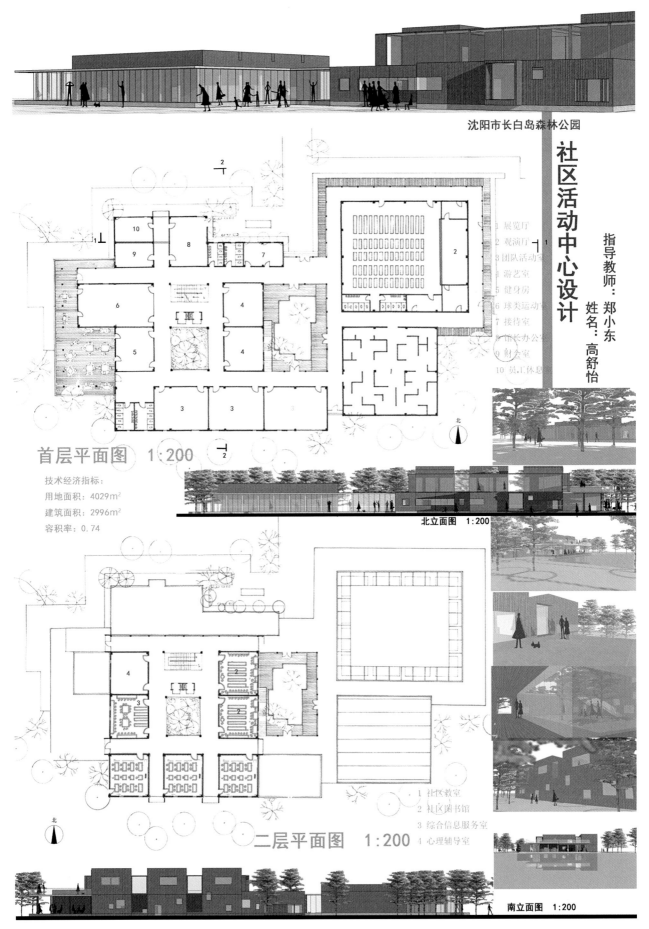

沈阳市长白岛森林公园

社区活动中心设计

指导教师：郑小东
姓名：高舒怡

1 展览厅
2 观演厅
3 团队活动室
4 游艺室
5 健身房
6 球类运动室
7 接待室
8 园长办公室
9 财会室
10 员工休息室

首层平面图　1:200

技术经济指标：
用地面积：4029m²
建筑面积：2996m²
容积率：0.74

北

北立面图　1:200

二层平面图　1:200

北

1 社区教室
2 社区图书馆
3 综合信息服务室
4 心理辅导室

南立面图　1:200

作品名称：社区活动中心设计

设计人：风园 11-2 高舒怡　　　指导教师：郑小东
课程名称：社区活动中心设计　　作业完成日期：2013

沈阳市长白岛森林公园
社区活动中心设计

指导教师：郑小东
姓名：高舒怡

地域分析：
所选地域为沈阳市浑河南岸长白岛森林公园内部。该公园依据沈阳市的气候、环境等条件建成，以其"森林、滩地"为核心的生态景观带彻底改变了浑河南岸脏乱、污染严重的现状。如今周边入驻多个高端居住区，学校、商业等配套设施也已完成。希望打造成为北方人所向往的生态岛居生活环境。

交通分析

环境分析

人群分析

1-1剖面图 1:200

2-2剖面图 1:200

基地分析：
基地位于长白岛森林公园入口附近的滨水景观旁。北临公园主要园路，东临城市支路，西侧邻水，南侧为人造森林滩地景观。基地在公园中处于交通便利、人群密集的景观核心区。

设计说明：
希望将此社区活动中心建成能够吸引各方各阶层人群的综合休闲地。建筑在布局上采取院落式布局，且充分注重长白岛公园的生态特色。根据人群和环境分析确定功能块，各个散落于自然中的功能块之间以通透的玻璃廊道将其连接，使建筑本身分而不散。既以开放的姿态面向自然和社会，又保证了内部空间的私密性。

总平面图 1:500

北

作品名称：社区活动中心设计

设计人：风园11-2 高舒怡
课程名称：社区活动中心设计
指导教师：郑小东
作业完成日期：2013

寻常巷陌

湖南凤凰古城社区活动中心设计

场地位置

建筑地段
凤凰古城
凤凰新城

凤凰城位于中国湖南省，是凤凰县的县城。如今凤凰城可分为两部分，新城位于沱江以南，古城位于沱江以北。凤凰县于2001年，被特批为历史文化名城。

社会现状

在被批为历史文化城后，凤凰古城利用独特的文化气质大力发展旅游业，使得凤凰的经济迅速发展，如今这里商铺遍布。

但是另一方面，根据走访调查，这样的发展对凤凰古城原著居民的生活造成了很大的影响。注重商业发展的背后是对民生的冷漠、居民的公共服务设施建设的落后，留驻老人与孩子难言生活品质，令人痛心。

建筑特色

湖南湘西以吊脚楼闻名，凤凰也将这一点表现得淋漓尽致。但除此之外，凤凰古城中"巷"的概念也非常突出，"巷"构造了凤凰古城的建筑逻辑和整体风格。

班级：风园11-1班
姓名：闵冠
学号：110354101
指导老师：郑小东 王朋
交图日期：2013.7

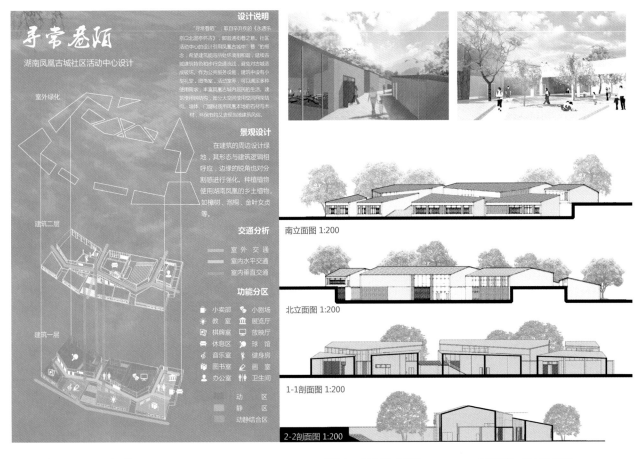

寻常巷陌

湖南凤凰古城社区活动中心设计

室外绿化
建筑二层
建筑一层

设计说明

"寻常巷陌"，取自辛弃疾的《永遇乐·京口北固亭怀古》，即前通街巷之意。社区活动中心的设计引用凤凰古城中"巷"的概念，希望建筑能与所处环境相和谐，延续古城建筑特色和步行交通流线，避免对古城造成破坏。作为公共服务设施，建筑中设有小型礼堂、图书室、活动室等，可以满足多种使用需求，丰富凤凰古城内居民的生活。建筑使用钢结构，部分大空间可使用空间网架结构。墙体、门廊材质采用凤凰本地的石材与木材，环保节约又表现出当地建筑风貌。

景观设计

在建筑的周边设计绿地，其形态与建筑逻辑相呼应，边缘的锐角也对分割感进行强化。种植植物使用湖南凤凰的乡土植物，如橡树、泡桐、金叶女贞等。

交通分析

室外交通
室内水平交通
室内垂直交通

功能分区

小卖部　小剧场
教室　展览厅
棋牌室　放映厅
休息区　球馆
音乐室　健身房
图书室　画室
办公室　卫生间

动区
静区
动静结合区

南立面图 1:200

北立面图 1:200

1-1剖面图 1:200

2-2剖面图 1:200

作品名称：寻常巷陌

设计人：风园 11-1 闵冠
课程名称：社区活动中心

指导教师：郑小东 王朋
作业完成日期：2013

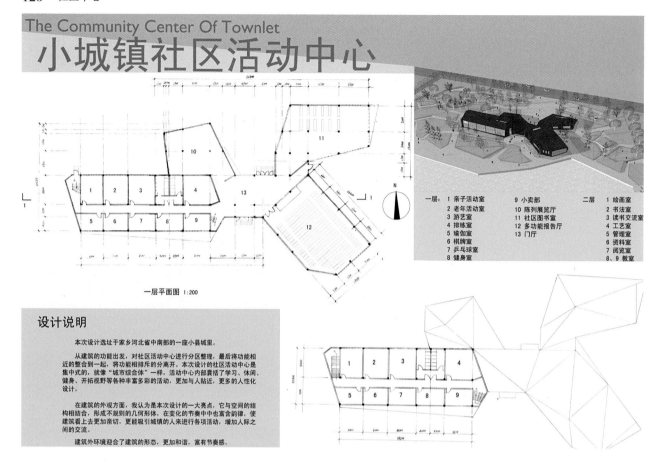

The Community Center Of Townlet

小城镇社区活动中心

一层平面图 1:200

一层： 1 亲子活动室　　　9 小卖部　　　　　二层： 1 绘画室
　　　 2 老年活动室　　　10 陈列展览厅　　　　　2 书法室
　　　 3 游艺室　　　　　11 社区图书室　　　　　3 读书交流室
　　　 4 排练室　　　　　12 多功能报告厅　　　　4 工艺室
　　　 5 瑜伽室　　　　　13 门厅　　　　　　　　5 管理室
　　　 6 棋牌室　　　　　　　　　　　　　　　　6 资料室
　　　 7 乒乓球室　　　　　　　　　　　　　　　7 阅览室
　　　 8 健身室　　　　　　　　　　　　　　　　8、9 教室

设计说明

本次设计选址于家乡河北省中南部的一座小县城里。

从建筑的功能出发，对社区活动中心进行分区整理，最后将功能相近的整合到一起，将功能相排斥的分离开。本次设计的社区活动中心是集中式的，就像"城市综合体"一样，活动中心内部囊括了学习、休闲、健身、开拓视野等各种丰富多彩的活动，更加与人贴近，更多的人性化设计。

在建筑的外观方面，我认为是本次设计的一大亮点，它与空间的结构相结合，形成不规则的几何形体，在变化的节奏中也富含韵律，使建筑看上去更加亲切，更能吸引城镇的人来进行各项活动，增加人际之间的交流。

建筑外环境迎合了建筑的形态，更加和谐，富有节奏感。

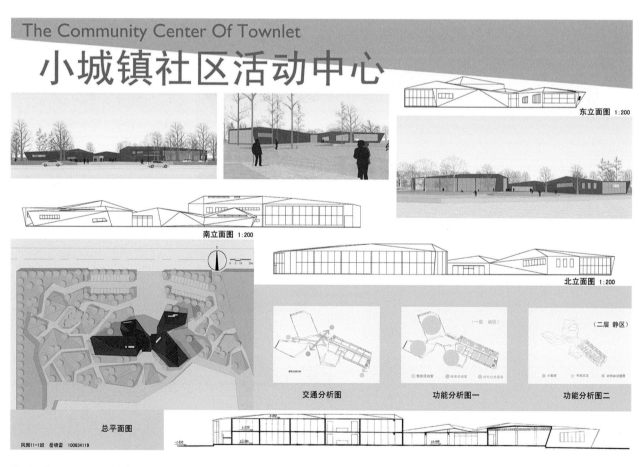

The Community Center Of Townlet

小城镇社区活动中心

东立面图 1:200

南立面图 1:200

北立面图 1:200

总平面图

风园11-1班 岳晓蕾 100834119

交通分析图　　　　　功能分析图一　　　　　功能分析图二

作品名称： 小城镇社区活动中心

设计人：风园 11-1 岳晓蕾　　　　指导教师：郑小东 王朋
课程名称：社区活动中心　　　　　作业完成日期：2013

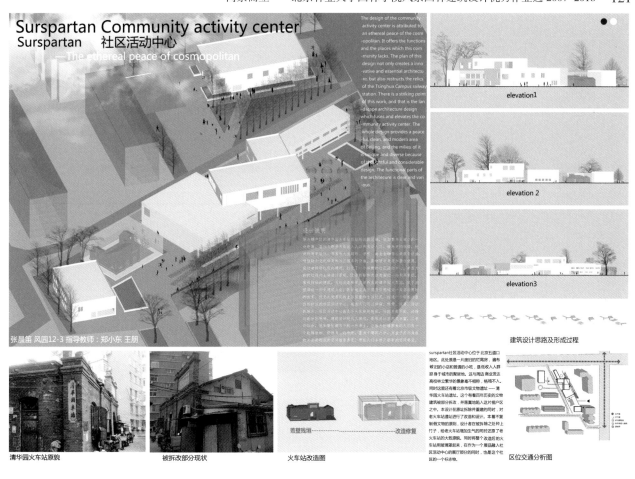

清华园火车站原貌

被拆改部分现状

火车站改造图

区位交通分析图

作品名称：社区活动中心

设计人：风园 12-3 张晨笛　　　　指导教师：郑小东 王朋

课程名称：社区活动中心　　　　作业完成日期：2014

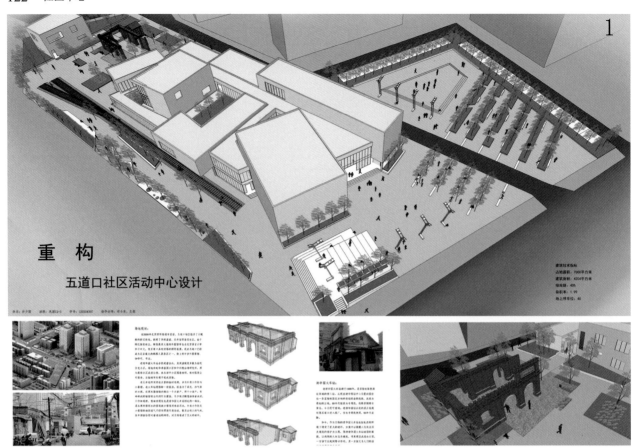

重 构

五道口社区活动中心设计

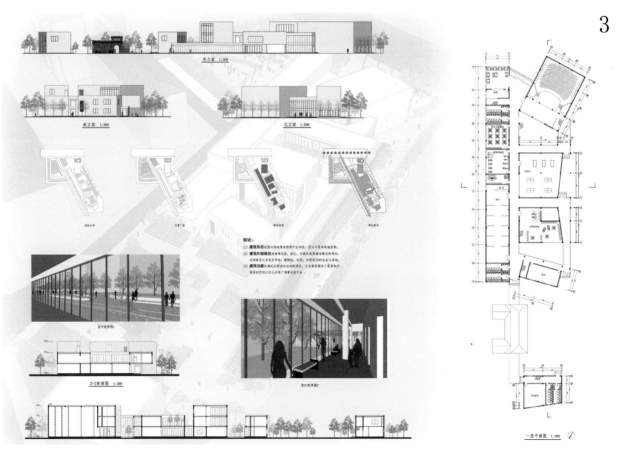

作品名称：五道口社区活动中心设计

设计人：风园 12-3 许少聪

课程名称：社区活动中心

指导教师：郑小东 王朋

作业完成日期：2014

排版负责人：

程　贺

其他排版成员：

陈　晨

陈若琪

冯康泰

耿　菲

缪雨莎

刘　路

刘煜彤

田笑常

王馨艺

张　尧

张宇迪

赵薇淇